分子筛催化剂在丙烯生产中的应用

白婷 著

中国石化出版社

内 容 提 要

　　本书介绍了分子筛催化剂在丙烯生产中的应用,重点介绍了HZSM-5分子筛催化剂上甲醇与丁烯耦合制丙烯反应的相关研究工作,主要涵盖甲醇与丁烯耦合反应的热力学计算、HZSM-5及其改性分子筛催化剂的物化性质与耦合反应性能、反应条件对催化剂反应性能的影响,并探讨HZSM-5分子筛的制备和改性方法、条件与其物化性质和反应性能之间的关系。

　　本书适合能源化工和工业催化领域的科研人员以及高等院校相关专业师生阅读。

图书在版编目(CIP)数据

分子筛催化剂在丙烯生产中的应用 / 白婷著 .
—北京 : 中国石化出版社, 2020.9
ISBN 978-7-5114-5984-8

Ⅰ. ①分… Ⅱ. ①白… Ⅲ. ①分子筛催化剂-应用-丙烯-化工生产 Ⅳ. ①TQ221.21

中国版本图书馆 CIP 数据核字(2020)第 176963 号

中国石化出版社出版发行
地址:北京市东城区安定门外大街 58 号
邮编:100011　电话:(010)57512500
发行部电话:(010)57512575
http://www. sinopec-press. com
E-mail:press@ sinopec. com
北京富泰印刷有限责任公司印刷
全国各地新华书店经销
*
710×1000 毫米 16 开本 8 印张 152 千字
2021 年 1 月第 1 版　2021 年 1 月第 1 次印刷
定价:46. 00 元

丙烯是重要的有机化工基础原料，用量仅次于乙烯，主要用于生产聚丙烯、环氧丙烷、丙烯腈、辛醇、正丁醇等。受丙烯下游产品需求迅速增加的驱动，丙烯的需求量持续上升，传统丙烯生产方法难以满足其日益增长的市场需求，因此必须探索增产丙烯的新途径及其相关催化剂和工艺技术。

我国煤炭储量丰富。以煤或天然气为原料，经甲醇/二甲醚制丙烯具有较强的经济效益。但是，该反应为强放热过程，其中的热量传递以及确保在苛刻条件下催化剂的寿命成为规模化生产中需要解决的问题。近年来，碳四烃催化裂解制丙烯技术成为增产丙烯的重要途径之一。该反应存在能耗高、设备复杂、经济性较低等缺点。将甲醇制丙烯与碳四烃裂解制丙烯反应进行耦合，将甲醇转化所释放的热量提供给碳四烃裂解反应，使能量得到有效利用，避免了二者单独反应时存在的热量移出与供入问题，同时对提高反应系统的稳定性和改善催化剂寿命有利，成为目前具有较好发展前景的增产丙烯技术之一。

本书主要介绍 HZSM-5 分子筛上甲醇与丁烯耦合制丙烯反应的相关研究工作，共分为 8 章。第 1 章综述了石油和非石油路线生产丙烯的工艺技术；第 2 章从催化剂和工艺条件等方面对甲醇与碳四烃耦合制丙烯反应进行可行性和耦合优势分析，并综述了甲醇与碳四烃耦合反应催化剂的研究进展；第 3 章对甲醇与丁烯耦合反应体系进行热力学研究，并从热力学角度分析反应温度、压力、甲醇与丁烯摩尔比以及稀释组分加入量对耦合反应中 $C_2 \sim C_4$ 烯烃平衡组成的影响；第 4 章介绍了 HZSM-5 分子筛催化剂的合成、评价和表征方法；第 5 章研究 HZSM-5 分子筛的晶粒尺寸和形貌对其催化性能的影响，探讨 HZSM-5 分子筛的制备条件与其形貌和催化性能之间的关系；第 6、7 章研究铈/硼改性对 HZSM-5 分子筛的结构、织构、酸性及其甲醇与丁烯耦合制丙烯反应性能的影响，考察反应条件对催化剂反应性能的影响，探讨 HZSM-5 分子筛的改性方法与其物化性质和反应性能之间的关系。

本书获得"西安石油大学优秀学术著作出版基金"资助。西安石油大学化学化工学院领导和同事也给予了极大的鼓励和帮助，同时向所有参考文献的作者致敬。

由于受时间以及专业领域方面的限制，书中难免有疏漏之处，恳请有关专家和广大读者批评指正。

CONTENTS 目录

1　丙烯生产工艺技术

随着我国石油资源的短缺和丙烯需求量的迅速增加，传统的丙烯生产方法已经难以满足其日益增长的市场需求。近年来，新兴的丙烯生产技术不断涌现并快速发展，如乙烯/丁烯歧化、丙烷脱氢、甲醇/二甲醚转化制丙烯等，具有较强的经济效益。

丙烯是石油化工领域最重要的基础有机原料之一，其用量仅次于乙烯。丙烯最大的用途是生产聚丙烯，占其消费总量的60%左右，其次是用来生产环氧丙烷、丙烯腈、辛醇、正丁醇、丙烯酸、丙酮及环氧氯丙烷等。随着世界经济的复苏和亚太地区经济的快速发展，丙烯的需求量呈现逐年增长的趋势，丙烯供不应求的局面可能长期存在。

目前，全球丙烯生产主要依赖蒸汽裂解工艺，约占丙烯产量的70%，其余28%来自催化裂化（FCC）技术，2%来自丙烷脱氢等技术。丙烯来源在世界的不同地区又有很大差异，蒸汽裂解是在亚太和西欧地区丙烯的主要来源；而在北美地区，FCC生产的丙烯占该地区丙烯总产量的50%以上。目前，传统的蒸汽裂解和FCC技术难以满足丙烯需求量的不断增长，因此涌现出许多增产丙烯的新技术，如乙烯/丁烯歧化、丙烷脱氢、碳四烃裂解制丙烯、甲醇/二甲醚转化制丙烯等。

1.1　石油路线增产丙烯

石油路线在当前和今后相当长时间内都是丙烯的主要来源，它的发展经历了从烃类热裂解到择形催化多产丙烯的过程。该路线最早采用石脑油热裂解生产丙烯。随着Y型分子筛的研制成功，以Y型分子筛为催化剂的FCC技术得到了快速发展。与热裂解相比，该技术可采用重质油为原料，同时产物中丙烯与乙烯比例（P/E）有所提高。为进一步提高催化剂的反应性能，研究者们向普通FCC催化剂中添加具有择形作用的HZSM-5分子筛，但由于FCC增产丙烯工艺反应温度较低，即使产物中P/E比有所增加，但丙烯收率仍不高。近期又开发了将蒸汽裂解和FCC耦合的催化热裂解技术增产丙烯。此外，采用蒸汽裂解、FCC、甲醇制烯烃等工艺副产的低碳烃为原料制丙烯技术也得到了快速发展，在SAPO-34分子筛的催化作用下可以高选择性地将低碳烃转化为丙烯。与此同时，乙烯/丁烯歧化技术和丙烷脱氢制丙烯技术也得到迅速发展。

1.1.1　蒸汽裂解技术

蒸汽裂解是以石脑油、轻柴油、乙烷等为原料，在高温（800~900℃）和水蒸气存在的条件下，发生分子断裂和脱氢反应，并伴随着少量聚合、缩合等反应的过程。该反应遵从自由基机理，主要产品是乙烯，丙烯仅为乙烯的联产品。全球蒸汽裂解技术主要集中在ABB Lummus、Global、KBR、Linde、S&W、Technip等公司，其基础工艺大致相同。在蒸汽裂解工艺过程中，原料和操作条件对丙烯收率影响较大。表1-1为不同原料的蒸汽裂解过程的低碳烯烃收率。表1-2为裂解深度对石脑油蒸汽裂解过程中产物收率的影响。可以看出，产物的P/E比随原料相对分子质量的增加而增大。以石脑油为原料进行蒸汽裂解反应时，降低操作苛刻度也可以提高产物的 P/E 比。

表 1-1　不同原料的蒸汽裂解过程的低碳烯烃收率　　　　　　　　　%

收率	原料					
	乙烷	丙烷	正丁烷	石脑油*	轻柴油	重柴油
乙烯	80	30	30	27	23	19
丙烯	1.11	20	17.5	16	15	14
丁烯	3.0	4.5	12.3	11.5	8.6	7.9
P/E	0.03	0.67	0.58	0.59	0.65	0.74

注：* 为中度裂解。

表 1-2　裂解深度对石脑油蒸汽裂解过程中产物收率的影响　　　　%

收率	裂解深度		
	轻度	中度	重度
乙烯	22	27	30
丙烯	17	16	13
丁二烯	4.8	5	3.5
正丁烯	3.5	2.9	2.1
异丁烯	4	3.2	2.3
丁烷	0.4	0.4	0.3
P/E	0.77	0.59	0.43

虽然采用较重的原料或降低操作苛刻度可以提高丙烯收率，但均会导致乙烯收率有不同程度的降低。由于现阶段乙烯需求同样旺盛，以牺牲乙烯产量来增产丙烯显然不现实。而且受蒸汽裂解装置设计、操作条件等因素的制约，采用上述方法增产丙烯潜力有限，不能从根本上解决丙烯短缺问题。

1.1.2　催化裂化多产丙烯

催化裂化(FCC)是炼厂丙烯的主要来源。FCC 多产丙烯工艺与传统 FCC 工艺有许多相似之处，但采用了比传统 FCC 更为苛刻的反应条件。该工艺多采用沸石分子筛或其他固体酸催化剂，反应温度较低(550~650℃)，丙烯在产物中占有相当份额。传统 FCC 与 FCC 多产丙烯工艺的产物分布见表 1-3。与传统 FCC 相比，FCC 多产丙烯工艺主要从催化剂和工艺两方面进行改进，在保证其他产品质量的前提下，使汽油馏分中的低碳烃类选择性裂化为丙烯，从而达到增产丙烯的目的。

表 1-3　传统 FCC 与 FCC 多产丙烯工艺的产物分布　　　　　%

收率	传统 FCC	FCC 多产丙烯
干气	1.5~3.0	3~9
乙烯	0.5~1.5	3~7
液化石油气(LPG)	16~22	32~44
丙烯	4~7	12~22
丁烯	4~8	8~14
汽油	47~53	30~40

　　FCC 多产丙烯工艺的催化剂除具有良好的重油裂解性能、较强的抗重金属污染能力、良好的水热稳定性和机械强度外，还应具有较高的酸强度和适宜的酸密度，从而获得较高的丙烯选择性。国内外生产厂家一般选择在传统的 FCC 催化剂中添加 HZSM-5 或改性 HZSM-5 分子筛作为助剂，实现在保证汽、柴油产量的情况下增产丙烯的目的。研究表明，在 FCC 催化剂中添加质量分数为 2%~5% 的 HZSM-5 分子筛时，丙烯收率可提高到 7%~10%，与反应温度升高 150℃ 时的提高幅度相当。通过对 HZSM-5 分子筛进行改性(如磷、稀土金属改性)，可抑制 HZSM-5 分子筛的失活，延长催化剂寿命，进一步提高丙烯收率。

　　根据 FCC 过程的目的产物不同，所选择的工艺条件也不相同。如要多产丙烯，则需要较高的反应温度和剂油比、较长的停留时间；而要多产低烯烃含量的汽油，则需要较低的反应温度、较高的剂油比和较长的停留时间，因此多产低碳烯烃与降低汽油烯烃含量很难在单一的提升管或下行床反应器中同时得到满足。在开发新型催化剂和助剂之外，寻求有效的反应器设计方案是解决该问题的重要途径。

　　国内外开发了一系列 FCC 多产丙烯的新工艺，如 UOP 公司的 Petro FCC 工艺、Mobil 公司和 Kellogg 公司合作开发 Maxofin 工艺、MIP-CGP 多产丙烯工艺以及清华大学的气固并流下行与上行耦合工艺等。通过对这些工艺的分析可知，虽然每种工艺过程独具特色，但均遵循"分区反应"原则，即通过分区保证不同类型的反应在最适宜的工艺条件下进行，从而满足多目的产物的要求。如中国石油化工集团有限公司与清华大学在济南炼油厂进行的柔性下行床重油催化裂化工业试验，丙烯收率可比相同原料时提升管反应器提高近 1 倍，并且干气的收率下降。"分区反应"是 FCC 多产丙烯技术发展的一个重要方向。

1.1.3　催化热裂解多产丙烯

　　催化热裂解多产丙烯技术是在高于传统 FCC 的反应温度而低于蒸汽裂解的温度

下，充分利用热裂解和催化裂化的双重作用多产丙烯。国内外开发了一系列的催化热裂解工艺和相应的催化剂，取得了显著的进展，其中部分工艺已经工业化。

中国石化石油化工科学研究院开发的深度催化裂解（DCC）是催化热裂解技术的首创工艺，可分为 DCC-Ⅰ型和 DCC-Ⅱ型两种操作方案，其中 DCC-Ⅰ型方案以制取丙烯为主，兼产乙烯、丁烯和高辛烷值汽油组分。DCC-Ⅰ型是将重减压馏分（HVGO）转化成质量分数 50% 以上的气体，其中 3/4 为液化气，而液化气中 85% 左右为丙烯。该技术于 1990 年首次在济南炼油厂 $6 \times 10^4 t/a$ 工业装置上运转成功。目前已有 7 套装置投产。随后国内外又开发了一系列技术，采用提升管或下行床反应器，在苛刻的反应温度（高于 550℃）下以蒸汽裂解和催化裂化相耦合的方式最大限度地提高丙烯收率，催化剂为添加 HZSM-5 的 Y 型分子筛催化剂。

部分催化热裂解工艺是在蒸汽裂解的基础上发展起来的。如日本国家材料和化学研究所与四家石化公司联合开发的一种增产丙烯的石脑油裂解工艺，可使产物的 P/E 比由 0.6 提高到 0.7。该工艺在固定床反应器中进行，采用了负载质量分数 10%La 的 HZSM-5 分子筛作为催化剂。常规蒸汽裂解装置的操作温度高达 820℃，乙烯和丙烯总收率约为 50%。该工艺可使乙烯和丙烯总收率达到 61%，而操作温度仅为 650℃，能耗减少了 20%，装置的投资费用与现有的烃类蒸汽裂解制乙烯装置相当。

虽然催化热裂解技术将热裂解和催化裂化进行耦合，实现了增产丙烯的目的，但也存在缺点，例如催化热裂解工艺的乙烯收率远低于蒸汽裂解工艺的乙烯收率。与催化裂化相比，由于该工艺在高温下进行，汽、柴油收率大幅降低，并且生产的汽、柴油中芳烃含量过高，难以满足国家标准；干气和焦炭等副产物的收率增加，使目的产物总收率降低。

1.1.4 碳四烃裂解制丙烯

随着原油加工能力和乙烯生产能力的不断提升，炼油厂和乙烯厂副产的碳四及碳四以上烃产量大幅增加。甲醇/二甲醚裂解过程中也会产生部分碳四烃。碳四烃裂解技术是在催化剂的作用下将碳四转化为乙烯和丙烯，不仅可以合理利用这部分数量可观的碳四烃资源，又可增产高附加值的乙烯、丙烯产品。

国内如中国石油化工股份有限公司北京化工研究院、上海石油化工研究院、中国科学院大连化物所和中国石油大学（北京）分别开发的低碳烃歧化工艺，国外如 Lurgi 公司的 Propylur 工艺、Mobil 公司的 MOI 工艺、Arco/KBR 公司的 Superflex 工艺等，通常采用 HZSM-5 分子筛为催化剂，在固定床或流化床反应器中，于 400~600℃、常压的反应条件下进行。在裂解反应进行的同时，还会发生氢转移等副反应生成烷烃、芳烃甚至焦炭。因此，如何抑制氢转移反应，提高丙烯的选择性和收率是碳四烃裂解技术需要解决的关键问题。

基于 SAPO-34 分子筛在甲醇/二甲醚转化中可以显著提高丙烯选择性，UOP公司和中国科学院大连化物所对 SAPO-34 分子筛上丁烯催化裂解制丙烯过程进行探索。清华大学对丁烯、戊烯和己烯在 SAPO-34 分子筛上的催化转化过程进行了详细考察，热力学计算和实验结果表明，采用孔径为 0.43nm 且外表面酸性较弱的 SAPO-34 分子筛为催化剂，以丁烯为原料时，SAPO-34 分子筛抑制了异丁烯及比异丁烯更大的分子生成，显著提高了丁烯催化裂解过程中丙烯的选择性，在 500℃、1.4h^{-1} 的反应条件下，丙烯选择性可达 65%。而戊烯和己烯在 SAPO-34 分子筛上的裂解实验结果也表明，以 SAPO-34 分子筛为催化剂可以显著提高丙烯的选择性。

碳四烃裂解技术可以与除丙烷脱氢以外的丙烯生产技术(如蒸汽裂解、FCC、甲醇/二甲醚制丙烯等工艺)耦合，生产方式灵活，缺点是副反应较多，催化剂开发难度较大，产物后处理过程复杂，这些都成为现阶段碳四烃裂解制丙烯技术面临的主要问题。

1.1.5 乙烯/丁烯歧化生产丙烯

乙烯/丁烯歧化技术是指利用乙烯和 2-丁烯进行歧化反应生成丙烯。碳四馏分不能直接用于烯烃歧化，需要经过双烯烃选择加氢、异丁烯醚化脱除、1-丁烯异构为 2-丁烯、2-丁烯分离等步骤得到 2-丁烯，才能用于乙烯/丁烯歧化反应。该技术对 2-丁烯和乙烯价格较敏感，若与乙烯装置结合，一般并行保留丁二烯抽提装置，以保证可以根据市场上乙烯、丙烯和丁二烯的价格变化，选择乙烯装置碳四馏分的处理方式和加工比例。

目前，已实现工业化应用的乙烯/乙烯歧化技术主要有 ABB Lummus Global 公司的 OCT 工艺和法国石油研究院(IFP)公司的 Meta-4 工艺。OCT 工艺采用 W 基催化剂和固定床反应器，原料中 2-丁烯的质量分数为 50%~95%，在 300~375℃、3.0~3.5MPa 的反应条件下，丁烯转化率为 85%~92%，丙烯选择性为 97%。目前已有十几套工业化生产装置采用了该工艺。目前已有十几套工业化生产装置采用了该工艺。Meta-4 工艺采用 Re 基催化剂和流化床反应器，在 20~50℃、液相条件下，将 2-丁烯和乙烯歧化生成丙烯，2-丁烯转化率为 90%，丙烯选择性大于 98%，该技术已在国内中试装置上运行超过 8600h。

中科院大连化学物理研究所和上海石油化工研究院也开展了相关研究，并且取得了很大进展。虽然乙烯/丁烯歧化技术已实现工业化，但该技术对原料要求较高，由于高纯度的乙烯与 2-丁烯在我国也属于短缺资源，因此采用乙烯/丁烯歧化技术生产丙烯的经济效益较低，在我国可作为增产丙烯的技术储备。

1.1.6 丙烷脱氢生产丙烯

丙烷脱氢制丙烯技术是指将丙烷在催化剂的作用下脱氢生产丙烯，具有流程简单、原料单一、产物易于分离等优点。目前，已经工业化的丙烷脱氢技术有 UOP 公司的 Oleflex 工艺、ABB Lummus 公司的 Catofin 工艺、Uhde 公司的STAR 工艺、Linde/BASF 公司的 PDH 工艺以及 Snamprogetti 公司和 Yarsintez 公司合作开发的 FBD 工艺。以上五种丙烷脱氢生产丙烯工艺的基本特点见表 1-4。

表 1-4　丙烷脱氢生产丙烯工艺的基本特点

工艺	Oleflex	Catofin	STAR	PDH	FBD
催化剂	Pt/Al_2O_3	Cr/Al_2O_3	$Pt/Sn/Al$	$Pt-Sn/ZrO_2$	Cr_2O_3/Al_2O_3
操作温度/℃	$600\sim700$	$540\sim640$	$500\sim580$	$450\sim700$	$550\sim600$
操作压力/MPa	>0.1	>0.05	$0.3\sim0.5$	>0.1	0.1
丙烷单程转化率/%	$35\sim40$	$48\sim65$	$30\sim40$	50	40
丙烯选择性/%	$89\sim91$	88	$85\sim93$	90	89
液时空速/h^{-1}	$3\sim4$	<1	6	不详	$0.4\sim2.0$
操作方式	连续	间歇	间歇	间歇	连续
反应器类型	径向绝热床反应器	绝热固定床反应器	列管等温固定床反应器	多管固定床	流化床
再生方式	连续	周期性	原地周期性	原地周期性	流化床
分压控制	氢循环	负压	水蒸气	不详	不详

丙烷脱氢技术工业化应用最多的是 Oleflex 工艺和 Catofin 工艺。前者采用串联径向绝热床反应器，以 Pt/Al_2O_3 为催化剂，在温度 $600\sim700℃$，压力大于0.1MPa 的反应条件下，丙烷单程转化率为 $35\%\sim40\%$，丙烯选择性为 $89\%\sim91\%$，催化剂可连续再生。后者采用绝热固定床反应器，以 Cr/Al_2O_3 为催化剂，反应温度为 $540\sim640℃$，压力大于 0.05MPa，丙烷单程转化率为 $48\%\sim65\%$，丙烯选择性为 88%。目前，我国已经投产的 12 套丙烷脱氢制丙烯装置中，8 套应用的是 Oleflex 工艺，其余 4 套应用的是 Catofin 工艺。

目前，丙烷脱氢技术已逐步成为丙烯工业化生产的重要过程，其市场份额在不断扩大，但该技术仍存在反应温度高、丙烷转化率不高、催化剂因失活快而需要频繁再生等问题。因此，需要从催化剂和工艺两方面对丙烷脱氢技术进行进一步研究。对于 Pt 系催化剂，要降低贵金属 Pt 含量以获取更高的经济效益，并延长催化剂的寿命。而针对 Cr 系催化剂，则要开发对环境污染更小的低 Cr 催化剂。另一方面，通过优化工艺设计和操作条件来降低投资和操作费用，提高生产效率和经济效益。

1.2　非石油路线增产丙烯

由于石油资源短缺和原油价格的增长，非石油路线制低碳烯烃技术受到越来越多的关注。目前非石油路线制低碳烯烃技术主要分为两类：一是以天然气为原料，通过氧化偶联或 Besnon 法制低碳烯烃。这种方法的目的产物是乙烯，原料转化率和丙烯选择性均较低，反应温度和压力较高，工业化技术不成熟，经济优势不显著。另一途径是以煤或天然气为原料，经合成气的 F-T 合成(直接法)或经甲醇/二甲醚(间接法)制低碳烯烃。

1.2.1　甲醇/二甲醚转化制低碳烯烃

甲醇制低碳烯烃(MTO)技术是指以煤或天然气为原料经甲醇转化生产低碳烯烃。甲醇制丙烯(MTP)技术是在 MTO 技术的基础上发展而来的，其丙烯收率远高于 MTO 技术，可达到 70%以上。而二甲醚制低碳烯烃与 MTO 技术路线相似。二甲醚可由甲醇脱水或合成气直接转化得到。代表工艺有 UOP/Hydro 公司的 MTO 工艺、Lurgi 公司的 MTP 工艺、中国科学院大连化物所的 DMTO 工艺以及清华大学的 FMTP 工艺等。

Lurgi 公司的 MTP 工艺是先将甲醇转化为二甲醚、未反应甲醇和蒸汽的混合物，混合物再进一步反应生成丙烯，同时副产乙烯、丁烯以及一定量高辛烷值汽油等产物。该工艺采用三段固定床反应器，并增加了甲醇脱水制二甲醚预反应器，以减小固定床反应器中的放热量，以德国 Sud Chemie 公司提供的改性 HZSM-5分子筛为催化剂，在 380~480℃、0.13~0.16MPa 的反应条件下，丙烯总收率达 71%，同时副产约 16%的汽油。

UOP 公司、中国科学院大连化物所和清华大学的甲醇制烯烃工艺采用改性 SAPO-34 分子筛为催化剂。SAPO-34 分子筛是一种结晶磷硅酸铝盐，具有特殊的强择形性八元环通道结构，对低碳烯烃的选择性达到 90%以上，但由于 SAPO-34分子筛在 MTO 反应中快速失活，因此以上工艺均采用流化床反应器。UOP/Hydro公司的 MTO 工艺在 350~550℃、0.1~0.5MPa 的反应条件下，甲醇转化率达到 99.8%，$C_2 \sim C_4$ 烯烃选择性大于 80%，产物中乙烯和丙烯比例(以碳为基准)可在 0.75 ~ 1.5 的范围内调节，低碳烷烃生成量少。中科院大连化物所在陕西的 DMTO 中试装置于 2006 年开车成功，目前运行平稳。DMTO 中试装置采用密相流化床反应器，首先将合成气预转化为二甲醚，然后在 460 ~ 520℃、0 ~ 0.1MPa 的条件下转化成烯烃，甲醇转化率大于 99%，乙烯收率为 40% ~ 50%，丙烯收率为 30% ~ 37%。

甲醇/二甲醚制低碳烯烃技术合理地利用了煤炭资源，有效缓解了传统丙烯生产工艺对石油资源的严重依赖，具有十分可观的应用前景。考虑到甲醇制丙烯是强放热过程，大量的反应热会导致催化剂快速失活。因此，在反应过程中热量的移出以及保证催化剂在强放热条件下的稳定性成为该工艺规模化生产中亟待解决的问题。

1.2.2 合成气直接制低碳烯烃

合成气直接制低碳烯烃技术是将煤或天然气先转化为合成气，再在催化剂作用下通过 F-T 合成制低碳烯烃。该技术可以与乙烯/丁烯歧化、碳四烃裂解、丙烷脱氢等技术耦合进一步提高丙烯收率。通常情况下，F-T 合成产物的碳数分布服从 Shculz-Floyr 规律，使得由合成气直接制低碳烯烃的选择性受到限制。为了获取更高的低碳烯烃收率，需限制碳链增长，抑制甲烷的生成，并阻止烯烃二次反应生成烷烃。常用的方法是对传统的 F-T 合成催化剂进行物理和化学改性。南非工业科学研究院、中国科学院大连化物所及天津大学碳一国家重点实验室等都对合成气直接制低碳烯烃进行了研究，并且通过催化剂的改进，显著提高了原料转化率和低碳烯烃(尤其是丙烯)的收率。

在当前调整能源结构以逐步降低国民经济对石油依赖的背景下，利用我国丰富的煤炭资源，通过 F-T 合成技术将合成气选择性转化为低碳烯烃(尤其是丙烯)，具有重要的战略意义。

2 甲醇与碳四烃耦合制丙烯反应研究进展

甲醇制丙烯与碳四烃裂解制丙烯工艺具有目标产物相同和所用催化剂与工艺条件类似的特点，二者作为共同进料生产丙烯在理论上可行。甲醇与碳四烃共进料制丙烯可以实现放热反应与吸热反应在能量上的互补，具有良好的节能效果，同时对提高催化剂使用寿命和提高丙烯选择性方面有明显效果，该耦合方式为甲醇与碳四烃的能量耦合。此外，还提出了两种其他的耦合方式，即甲醇先与碳四烃生成醚再进行裂解和甲醇先转化为富含乙烯产物再与碳四烃歧化，具有一定的研究价值与工业应用前景。

2.1 甲醇与碳四烃耦合制丙烯可行性分析

甲醇制丙烯与碳四烃裂解制丙烯工艺的目的产物相同，二者在催化剂、反应器、稀释剂、反应条件以及催化剂再生方式等方面均有相似之处。甲醇制丙烯与碳四烃裂解制丙烯均以 HZSM-5 和 SAPO-34 分子筛为主要的催化剂。尤其是 HZSM-5 或改性 HZSM-5 分子筛，因其具有较高的丙烯选择性和良好的稳定性，被应用于甲醇制低碳烯烃中的 MTP 工艺与碳四烃裂解中的 Propylur 工艺、ATO-FINA-UOP 工艺和 MOI 工艺。

甲醇制丙烯与碳四烃裂解制丙烯所用反应器主要为固定床与流化床反应器。SAPO-34 分子筛孔道较小(约 0.43nm)，择形性好，丙烯收率高，但催化剂易积炭失活，一般采用流化床反应器。HZSM-5 分子筛孔道较大(约 0.55nm)，择形性相对较差，但催化稳定性能好，产物中丙烯选择性高，还可副产部分汽油，一般采用固定床反应器。

甲醇制丙烯与碳四烃裂解制丙烯均在常压下进行，反应温度随催化剂有所差异，一般在 400~600℃。反应过程主要采用水作为稀释剂，实验室研究中以 N_2 作为稀释气体，同样可以达到较好的实验结果。研究发现，甲醇制丙烯与碳四烃裂解制丙烯反应过程相似，只要能找到兼顾甲醇转化与碳四烃裂解的催化剂，就可根据催化剂的稳定性选择合适的反应器，实现以甲醇与碳四烃为共同进料制取丙烯。

甲醇转化制丙烯为强放热反应，实际生产中常以水作为稀释剂，以缓减产生的大量反应热。即使有些工艺在主反应器前加预反应器，先将部分甲醇脱水转化成为二甲醚(如 Lurgi 公司的 MTP 工艺)以降低主反应的反应热，但仍需要加入大量水作为稀释剂。水的气化和冷凝，增加反应过程中的能耗。而碳四烃催化裂解制丙烯是高能耗的强吸热过程，需要大量的水蒸气作为稀释剂或热载体，以避免因吸热而造成的反应区域温度下降。

如果将甲醇转化制丙烯与碳四烃裂解制丙烯放在同一反应器中进行，则有望将甲醇转化释放的大量反应热提供给碳四烃裂解反应，使甲醇转化产生的反应热在催化剂活性中心附近得到有效利用。由此推测，二者的耦合反应具有以下优势：①使甲醇转化产生的反应热为碳四烃裂解所用，实现吸热与放热反应之间的能量互补；②避免因催化剂活性中心附近温度过高而导致的催化剂积炭失活速率加快，提高催化剂的使用寿命；③使反应的剧烈程度得到有效缓减，提高反应的可操作性；④避免甲醇或碳四烃单独反应时存在的热量的移出或供入，减少作为热载体或稀释剂的用量；⑤二者还有可能相互促进，进而得到高于各自单独反应时的乙烯和丙烯收率。

甲醇与碳四烃为原料共裂解制丙烯主要是将甲醇转化释放的大量反应热提供给碳四烃裂解反应，以实现吸热与放热反应间的能量互补，达到节能的效果，这种耦合方式被称为能量耦合。张飞等研究甲醇与碳四烃共裂解反应过程，对两种原料的耦合方式进行了假设，分为原料分压不变及催化剂负荷不变两种，并考察了在这两种假设下得到的共裂解产物分布，进一步比较了这两种耦合方式的异同。结果表明，甲醇与碳四烃共裂解使甲醇转化的诱导期缩短，促进了碳四烃的转化，抑制了副产物甲烷、碳氧化合物的生成，同时 C_{5+} 烃类含量相对增加。通过对比这两种耦合方式，发现采用催化剂负荷不变的耦合方式更有利于丙烯的生成。此外，甲醇与碳四烃还可以通过其他方式进行耦合生成低碳烯烃（以丙烯为主），其工艺流程见图 2-1。

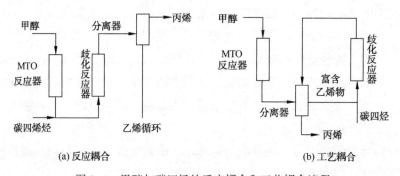

图 2-1　甲醇与碳四烃的反应耦合和工艺耦合流程

甲醇制丙烯比碳四烃裂解制丙烯更容易进行。例如在反应温度 $300 \sim 400℃$ 时，采用 SAPO-34 分子筛可将甲醇高转化率和高选择性地生成低碳烯烃。Lurgi 的 MTP 工艺的操作温度为 $380 \sim 480℃$。而碳四烃的催化裂解一般在 $500℃$ 以上进行。这可能是因为甲醇制丙烯以甲醇脱水反应开始，该反应是 C—O 键的断裂过程，发生反应的中间体容易生成，活性较高。而碳四烃裂解则是以 C—C 键的断裂开始，与甲醇转化反应相比较难进行。因此，如果将碳四烃与甲醇先进行醚化反应生成相应的甲基烷基醚，然后再进行催化裂解，生成以乙烯和丙烯为主的低碳烯烃，则将原来的烃类裂解过程转变为一个醚化物的裂解过程，使裂解过程更容易进行，并有可能在更低的反应温度下完成。这种耦合方式先将甲醇与碳四烃反应生成另一种物质，然后再进行裂解，可以称之为甲醇与碳四烯烃的反应耦合［图2-1(a)］。

另一种方式为甲醇与碳四烃的工艺耦合［图2-1(b)］。该耦合方式主要利用乙烯与碳四烃歧化反应制丙烯，工艺条件温和($100 \sim 200℃$)，丙烯选择性高，可达到90%以上。副产大量碳四烃的炼油厂一般没有乙烯，如果配套一个小型的MTO装置，将该装置生产的富含乙烯产物与炼油厂副产的碳四烃进行歧化反应生产高附加值的丙烯，既节约了能量，又增加了经济效益。

王洪涛等认为甲醇和碳四烃混合进料并非两个反应最佳的耦合方式，并提出采用相同的催化剂把两个独立的反应串联在一起。耦合串联方式有两种，一是将MTO反应后的积炭催化剂用于碳四烃裂解反应；二是将碳四烃裂解反应后的积炭催化剂用于MTO反应。结果表明，SAPO-34催化剂经碳四烃裂解反应积炭后再用于MTO反应，依然保持较高的活性，反应的双烯收率最高值与新鲜催化剂反应后的双烯最高值相当，表明碳四烃裂解的积炭催化剂仍适用于MTO反应。而经MTO反应后的积炭催化剂不适用于碳四烃裂解反应。

2.2 甲醇与碳四烃耦合制丙烯反应催化剂

为了解决MTO/MTG过程中的放热效应，Nowak等首先提出了在甲醇转化过程中加入碳四烃来进行热量耦合，结果如表2-1所示。在$600 \sim 700℃$的反应温度下，甲醇与正丁烷的分子比为3:1时，在HZSM-5分子筛上的反应过程显示了完全的热中性，而且低碳烯烃的收率比甲醇与正丁烷单独转化时都有了较大的提高。而碳四烃的种类对耦合反应的结果有重要影响，当以异丁烯或碳四烃混合物(45%异丁烯，27%正丁烯，15%的顺-2-丁烯和反-2-丁烯，13%饱和碳四烯烃)作为原料时，碳四烃的转化率提高了20%~30%。

常福祥等利用脉冲反应和IR技术，考察了HY、BETA、HZSM-5和HZSM-35分子筛催化剂在甲醇和正丁烷耦合反应中的催化性能。结果表明，以不同酸性和孔结构的分子筛为催化剂时，正丁烷裂化所遵循的机理也有差别。当使用HY和HZSM-5分子筛为催化剂时，耦合反应中正丁烷的初始活性得到增强，产品中异构产品和高碳数组分选择性升高。这表明无论在烷烃的引发阶段还是进一步转化阶段，都主要遵循双分子反应途径。而在BETA和HZSM-35分子筛上，正丁烷的初始活性下降，甲醇只是使正丁烷单分子引发机理有所降低，却没有促进双分子途径的引发。

表 2-1 甲醇、正丁烷以及两种原料(CMHC)在 HZSM-5
催化剂上在 873K 和 953K 下的产物分布

参数	进料					
	甲醇	正丁烷	CMHC	甲醇	正丁烷	CMHC
温度/K	873	873	873	953	953	953
空速/h^{-1}	0.8	1.2	3.5	0.8	1.2	3.3
转化率/%						
甲醇	99	—	97	99	—	99
正丁烷	—	97	31	—	96	53
CH$_2$[①]	99	97	58	99	96	71
收率/%						
乙烯[②]	8.5	9.5	10.1	6.8	15.5	11.2
丙烯[②]	8.8	4.9	13.5	3.2	9.0	14.3
丁烯[②]	2.5	1.7	6.7	0.1	6.1	4.9
芳香烃[②]	13.8	28.5	5.3	8.5	14.6	2.0
氢气	1.2	3.1	0.5	3.8	3.9	1.2
甲烷	39.5	19.0	5.3	55.7	23.3	17.3
一氧化碳	7.7	0.0	1.4	12.3	0.0	5.6

① 进料中 CH$_2$;
② 以甲醇和正丁烷中 CH$_2$ 计算。

Mier 等比较了 HZSM-5(SiO$_2$/Al$_2$O$_3$=30 或 280)、1%Ni/HZSM-5(SiO$_2$/Al$_2$O$_3$=30)和 SAPO-18 在甲醇和正丁烷耦合过程中反应性能。结果表明，与负载 Ni 的 HZSM-5 和高硅铝比的 HZSM-5 相比，硅铝比为 30 的 HZSM-5 分子筛具有较强的酸性(≥120kJ·mol$_{NH_3}^{-1}$)，因此在耦合反应中表现出较高的催化性能。

Lücke 等对比了 HZSM-5 和杂原子 Fe-HZSM-5 分子筛在甲醇与丁烯耦合反应中的反应性能，发现 Fe-HZSM-5 分子筛催化剂显示出更高的 C$_2$~C$_4$ 烯烃收率和稳定性。这是因为与 HZSM-5 分子筛相比，Fe-HZSM-5 具有较低的酸性，同时铁氧相的存在使积炭气化成碳氧化合物，从而减少了催化剂上积炭。

针对耦合反应过程中 HZSM-5 分子筛催化剂的脱铝现象，Martin 等在使用不同黏结剂来制备催化剂时发现，勃姆石能有效抑制分子筛脱铝，而且还能获得高的催化活性和烯烃选择性，这主要是因为勃姆石能中和 HZSM-5 分子筛上的部分 B 酸中心，同时形成新酸位[AlO(Al$_2$O$_3$)$_x$]$^+$，这种酸位具有更高的水热稳定性(图 2-2)。

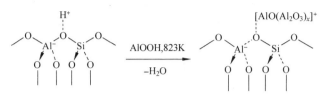

图 2-2　勃姆石与 HZSM-5 分子筛混合中和 B 酸中心

在上述的研究中，由于反应温度较高，甲醇分解生成 CO 和 H_2 的副反应相当严重，而且产物中水在高温下还会影响催化剂的稳定性。因而进一步降低反应温度显得极其重要。

高志贤等研究了反应温度为 550℃ 时，甲醇与丙烷和丁烷在 Ga 改性的 HZSM-5 分子筛催化剂上的耦合反应。结果表明，在一定的原料配比下，反应的热效应趋近于零。反应条件对产物分布影响较大，反应物中甲醇/烃配比越高，芳烃收率越低，而低碳烯烃的收率增加。与 HZSM-5 分子筛相比，Ga 的改性明显减少了甲醇的分解并提高了低碳烯烃的选择性，当反应温度低于 520℃ 时，催化剂能很好地通过再生而重复使用。

针对高温下低碳烷烃生产烯烃的强吸热效应，Shabalina 等也利用了热量耦合的原理，把强放热的甲醇转化反应引进了 $C_3 \sim C_4$ 烷烃裂解过程。与单独的甲醇或 $C_3 \sim C_4$ 烷烃裂解相比，耦合转化较成功地降低了甲醇的热效应，提高了 $C_2 \sim C_4$ 烯烃的收率，同时液相产物主要为可利用的芳烃。

该课题组 Erofeev 等对耦合反应中使用的 Pentasils 型催化剂进行改性，以期获得更高的催化活性和低碳烯烃收率。通过浸渍的方法，在 HZSM-5 分子筛上引进 Mg、Ca、Sr、Ba 等碱土金属，结果发现改性后的 HZSM-5 分子筛催化剂的上 $C_2 \sim C_4$ 烯烃收率有较大提高，尤其是 Mg 改性的催化剂上。主要是因为碱土金属的引入减少了 HZSM-5 分子筛上强 B 酸中心，同时增加了弱酸中心的强度和酸量。通过直接水热法分别又将 B(Ⅲ)、P(Ⅴ)、Fe(Ⅲ) 等引入 HZSM-5 分子筛骨架中，结果表明 B(Ⅲ) 和 P(Ⅴ) 的改性使 HZSM-5 分子筛的酸强度减小，从而提高了产物中低碳烯烃收率，而 Fe(Ⅲ) 的改性使 HZSM-5 分子筛的 B 酸强度增加，芳烃选择性有所提高。

Safronova 等采用浸渍法对 HZSM-5 沸石进行 Ga 元素改性或 Ga 和 Pt 双组分改性，用于甲醇与混合烷烃(80.0%丙烷、19.5%正丁烷和 0.5%乙烷)耦合反应。

结果表明，当反应温度高于 773K 时，改性催化剂上芳香烃选择性明显升高。作者推测是由于分子筛上的 B 酸位与金属离子发生相互作用，改变了催化剂的酸性和吸附性能，从而提高了催化剂的反应活性。

Gong 等采用浸渍法制备了 La/HZSM-5 分子筛，并考察了其在甲醇与碳四烃(62.2%丁烯和34.4%丁烷)耦合反应制丙烯中的催化性能。结果表明，在 HZSM-5 分子筛上引入 La 使 HZSM-5 分子筛上丙烯收率有了明显提高。这是因为 La 与 HZSM-5 分子筛的表面羟基发生交互作用，调变了 HZSM-5 催化剂酸性。当 La 负载量为 1.5%时，在 450℃、质量空速 0.6h^{-1}，甲醇与碳四烃摩尔比为 0.3：1，甲醇进料量为 0.018mL/min 的反应条件下，丙烯收率可达到 46.0%。

王振伍等采用等体积浸渍法合成了 Fe/HZSM-5($SiO_2/Al_2O_3=50$)分子筛催化剂，并考察其在甲醇碳四烯烃耦合反应制低碳烯烃。结果表明，在 HZSM-5 分子筛上引入 Fe，使碳四烯烃的转化率及乙烯和丙烯的选择性有所提高。当 Fe 负载量为 0.03mmol/g 时，在反应温度为 550℃ 时，Fe/HZSM-5 上的乙烯和丙烯总收率达到 42.1%，比未改性的 HZSM-5 提高了 7%。

Wang 等采用浸渍法制备了 P/HZSM-5($SiO_2/Al_2O_3=25$)分子筛催化剂，并考察了其在甲醇与丁烯耦合反应制丙烯中的催化性能。结果表明，在 HZSM-5分子筛上引入 P 可以显著提高丙烯的选择性和收率。这是因为磷酸与 HZSM-5 分子筛发生作用，HZSM-5 分子筛上 Al-OH-Si 基团被两个 P-OH 代替，使 HZSM-5 分子筛的 B 酸的酸量降低。当 P 负载量为 3%时，在 550℃、甲醇与丁烯摩尔比为 1：1 的条件下，丙烯收率达到 44.0%，比丁烯裂解和甲醇转化得到的丙烯收率分别高出 7.4%和 4.5%。Jiang 等引入一个两段式移动床反应概念在 MTP 过程中。仿真结果表明将副产物循环可以提高丙烯产量至 70%。

2.3　甲醇与碳四烃耦合反应机理

2.3.1　甲醇转化制烯烃反应机理

目前，普遍认为分子筛上的甲醇转化制低碳烯烃反应过程包括三个步骤，如图 2-3 所示。首先，甲醇在分子筛 B 酸位上脱水生成二甲醚，或甲醇脱水成表面甲氧基，甲氧基再与甲醇反应生成二甲醚，形成甲醇、二甲醚、甲氧基和水的平衡混合物。然后，平衡混合物通过一个较慢的反应步骤生成 C—C 键的产物，即通过连续路径或平行路径初始形成更多的低碳烯烃。最后，低碳烯烃通过缩聚、环化、氢转移、烷基化等反应生成高级烯烃、饱和烷烃和芳烃等，还伴随着结焦积炭等反应。

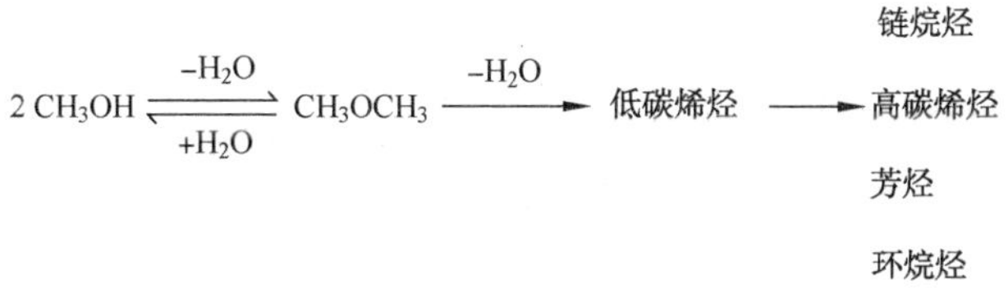

$$2\ CH_3OH \underset{+H_2O}{\overset{-H_2O}{\rightleftharpoons}} CH_3OCH_3 \xrightarrow{-H_2O} 低碳烯烃 \longrightarrow \begin{array}{l} 链烷烃 \\ 高碳烯烃 \\ 芳烃 \\ 环烷烃 \end{array}$$

图 2-3　甲醇转化主反应步骤

C—C 键的生成是甲醇转化制低碳烯烃中的关键步骤，也是 MTO 反应机理的研究焦点。迄今为止，围绕这一问题，研究者们相继提出了多种反应机理。其中，比较有代表性的理论包括：①氧鎓离子(Oxonium Ylide)机理；②卡宾(Carbene)机理；③碳正离子(Carbocationic)机理；④自由基(Free Radical)机理；⑤"烃池"(Hydrocarbon Pool)机理等。

（1）氧鎓离子机理

氧鎓离子机理由 Ven den Berg 等提出。该机理认为二甲醚在 B 酸中心作用下形成二甲基氧鎓离子，与另一个二甲醚分子反应，并消去一个甲醇分子生成三甲基氧鎓离子。三甲基氧鎓离子与碱性中心作用脱除 H^+ 形成与分子筛表面相连的二甲醚氧鎓甲基内鎓盐，该物质是氧鎓离子机理的重要中间体，可以发生分子内 Stevens 重排反应生成甲乙醚，或者经过分子间甲基化反应生成乙基二甲基氧鎓离子。以上两种情况均可通过 β 消除反应生成乙烯。

Olah 等认为乙基二甲基氧鎓离子 β 消除反应似乎更占优势。然而，Hunter 等也认为反应最初甲氧基物种应该在分子筛表面成键，使分子筛表面的羟基甲基化，形成氧叶立德中间体。但这种中间体能否形成 C—C 键，仍然存在疑问。Santen 等用理论计算得到的结果，发现三甲基氧离子在分子筛表面是容易形成的，但是要进一步生成 C—C 键，则需要越过很高的能垒。Haw 等利用 NMR 技术研究二甲醚在 HZSM-5 分子筛上转化时，发现三甲基氧鎓正离子确实可以形成，但该离子并没有加速 MTO 反应。这个机理主要有两个瓶颈：叶立德中间体的不稳定和高反应能垒(图 2-4)。

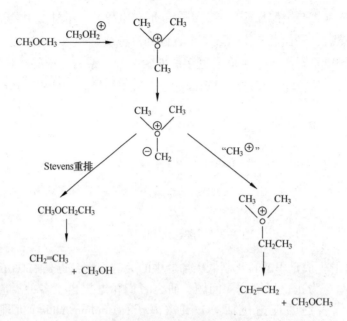

图 2-4　氧鎓离子机理示意图

（2）卡宾机理

卡宾机理认为，在分子筛催化剂酸碱中心的协同作用下，甲醇通过 α 消除反应脱水生成卡宾(：CH_2)，卡宾(：CH_2)通过多聚反应生成烯烃，或者卡宾通过 SP_3 杂化嵌入到甲醇或二甲醚中形成烯烃。卡宾的形成过程见式(2-1)：

$$[Zeo-O^- \longleftarrow H-CH_2-OH \longrightarrow H-O-Zeo] \longrightarrow H_2O + : CH_2 \qquad (2-1)$$

Slavdor 等在研究 Y 型分子筛上的甲醇转化反应时，发现卡宾(：CH_2)是由甲醇化学吸附形成表面甲氧基物种分解产生的。Wang 等发现当反应温度高于 250℃时，甲氧基中的 C—H 键变弱，H 原子很容易被分子筛骨架中的氧原子得到，表面甲氧基分解后很可能形成卡宾(：CH_2)，进而形成第一个 C—C 键。Ono 等利用同位素标记实验和红外光谱也证实了若通入乙烯，分子筛表面产生氘代甲氧基。然而，上述实验只能证明碳-氘键断裂，而不能证实分子筛表面的氘代羟基来自甲醇或分子筛表面的甲氧基。Waroquier 等通过理论计算，发现受反应能垒的影响，卡宾(：CH_2)无法通过协同反应形成。因此，当前在分子筛表面甲氧基分解成卡宾(：CH_2)只有间接证据。

（3）碳正离子机理

Ono 等认为甲醇转化反应服从碳正离子机理。首先，甲醇在分子筛酸中心作用下脱水形成甲基正离子 CH_3^+，甲基正离子和二甲醚的 C—H 键发生作用形成五价碳正离子过渡态——三甲氧基阳离子 $[CH_4CH_2OCH_3]^+$，三甲氧基阳离子不稳定，脱去 CH_3OH 形成 C—C 键并生成乙烯。烯烃生成后，甲基正离子可以进一步和烯烃反应。Seo 等研究 SAPO-34 分子筛上的甲醇转化过程时，发现了六甲基苯自由正离子，而分子筛的酸性环境也有利于六甲基苯自由正离子的稳定存在，通过优化分子筛的孔道结构和改变酸性环境能够得到其他类型的碳正离子。

但也有学者对上述甲醇和二甲醚亲核取代过程提出质疑。Smith 等研究了 CH_3^+、CD_3^+ 与 CH_3OH、CD_3OD 等的反应过程，发现其反应产物主要为甲醛和甲烷，并未生成低碳烯烃。

（4）自由基机理

Clarke 等采用 ESR 光谱技术对 HZSM-5 分子筛上二甲醚反应过程进行监测，发现二甲醚可能是生成甲基自由的前驱体。Clarke 等推测自由基可能是分子筛表面缺陷位产生的顺磁中心激发二甲醚中的 C—H 键产生的，且可进一步反应形成 C—C 键。自由基机理主要弊端之一是需要强碱中心夺取 C—H 键上的质子，这点对于沸石表面上的碱性中心几乎是不可能实现的。

另有研究者在实验中加入了自由基的吸收剂 NO，如果自由基机理成立，反应速度应该有显著降低，可是加入 NO 之后，反应速度并没有明显变化，从而表明自由基机理有其不合理性。

（5）"烃池"机理

Dahl 和 Kolboe 认为 MTO 反应遵循"烃池"机理(图 2-5)。在反应过程中，甲醇首先生成一些相对分子质量较大的称为"烃池"的有机中间体 $[(CH_2)_n]$，这些有机中间体既可与甲醇反应引入其甲基基团，又可进行脱烷基反应，生成乙烯和丙烯等低碳烯烃。进一步的实验表明，"烃池"可能是由五甲基苯和六甲基苯构成，它们通过与甲醇/二甲醚的甲基化形成乙烯和丙烯，本身形成二甲基苯和三甲基苯后经过重新甲基化开始新一个催化循环。Haw 等认为"烃池"是由多甲基苯和环碳正离子等物种组成。Haw 等经过对 MTH 反应多年研究，提出最初的芳烃产物来自所用的试剂和催化剂中的杂质。"烃池"机理避免了复杂的中间产物，能够较好地解释 MTO 反应在实验和工业生产过程中的一些现象。但该机理仍存在"烃池"活性成分不确定、活性成分与酸中心关系不明确、甲醇转化路径不清晰等问题。

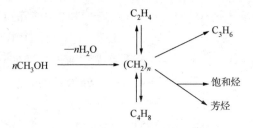

图 2-5 "烃池"机理示意图

2.3.2 碳四烃催化裂解反应机理

碳四烃催化裂解制丙烯是一个复杂的反应过程,包括异构化、低聚、裂解、歧化、氢转移、芳构化等多种平行和连续反应。已有文献报道表明,烃类催化裂解反应机理随着催化剂和反应条件的不同而有所差别。目前,对于烃类催化裂解的反应机理仍处于探索阶段,有三种较为公认的反应机理,分别是自由基机理、碳正离子机理和自由基与碳正离子共同作用机理。

（1）自由基机理

在钒酸盐和氧化物类催化剂上的高温裂解过程中,自由基机理占主导地位。多数研究者认为催化剂的加入仅是促进了自由基的生成,降低了反应活化能,并未改变烃类热裂解反应的自由基机理。在反应过程中,由于大的自由基极不稳定,一般在与其他分子碰撞之前会自行分解,生成乙烯、丙烯、丁烯以及H·和·CH₃。高温下烯烃中乙烯最稳定,烷烃中甲烷最稳定,所以自由基反应的最终产物中乙烯和甲烷的收率较高。但 Golombok 等认为乙烯产率的增加并不是催化作用的结果,而是由于裂解反应是吸热反应,KVO_3的表面促进了反应器内的传热,因此加速了自由基的反应。

（2）碳正离子机理

在酸性分子筛催化剂上的裂解反应按照碳正离子机理进行。烯烃在催化剂的B酸位上吸附生成碳正离子,生成的碳正离子通过β断裂(或环丙烷机理)生成一个小分子的烯烃和一个小分子的碳正离子,新生成的碳正离子可以进一步发生其他反应或直接脱附生成烯烃。碳正离子是不稳定的中间体,一旦形成,很容易发生一系列其他反应。

通过甲基或氢转移生成更稳定的碳正离子:

$$R_1—CH_2—C^+H—R_2 \longrightarrow R_1—\underset{\underset{CH_3}{|}}{C^+}—R_2 \qquad (2-2)$$

与烯烃通过双分子齐聚反应生成大的吸附碳正离子:

$$R_1—C^+H—R_2+R_3—CH=CH—R_4 \longrightarrow R_3—CH_2—\underset{\underset{R_1—C^+—R_2}{|}}{CH}—R_4 \qquad (2-3)$$

脱去质子并脱附形成烯烃：

$$R_1—CH_2—C^+H—R_2 \longrightarrow R_1—CH =\!=CH—R_2+H^+ \qquad (2-4)$$

与烷烃发生氢转移反应并脱附形成新的烷烃，同时生成新的碳正离子：

$$R_1—C^+H—R_2+R_3—CH_2R_4 \longrightarrow R_1—CH_2—R_2+R_3—CH^+—R_4 \qquad (2-5)$$

与环状烯烃或生焦前体发生氢转移反应并脱附形成新的烷烃，同时生成芳香度更大的化合物：

$$R_1—C^+H—R_2+R_3—CH =\!=CH—R_4 \longrightarrow R_1—CH_2—R_2+R_3—C^+ =\!=CH—R_4$$

$$(2-6)$$

当催化剂中分子筛的孔道大小能够容纳反应中间体时，双分子反应式(2-3)、式(2-5)和式(2-6)才能在分子筛孔道内发生，否则只能在分子筛外表面上进行。如果分子筛的孔道较小，如 HZSM-5 分子筛(0.53mm×0.56mm)，除小分子烯烃($C_2 \sim C_4$)可能发生二聚反应外，其他烯烃难以发生双分子反应。对于 HZSM-5 分子筛，正构 $C_4 \sim C_5$ 烯烃可能通过二聚中间体进行裂化。

Abbot 和 Wojciechowski 研究了 405℃下 HZSM-5 分子筛上 $C_5 \sim C_9$ 烯烃的裂解机理，发现戊烯主要发生二聚/歧化反应，C_{7+} 烯烃在 405℃下主要进行单分子裂解，而己烯则同时通过单分子和二聚中间体进行裂解。在大孔 Y 分子筛上，二聚-裂解机理的比例更大。如对于 C_7 烯烃裂解，在 473℃下有 25% 是通过二聚-裂解进行，在 400℃下有 32% 的裂解是通过二聚-裂解进行。碳链越长，温度越高，分子筛孔径越小，则单分子裂解所占的比例越大。

Li 等通过理论分析和实验结果推导出正丁烯催化裂解反应遵循双分子机理，如图 2-6 所示。正丁烯催化热裂解包括两个连续反应：正丁烯的二聚和中间体二聚物的裂解。除了发生聚合和裂解反应外，还会发生一系列的异构化、歧化、环化、叠合、烷基化、氢转移、缩合等反应。

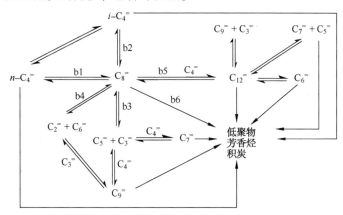

图 2-6　丁烯催化裂解反应机理

刘俊涛、李福芬、Zhao 等提出的反应机理相似，认为丁烯催化裂解可能的反应历程为：丁烯在分子筛催化剂上首先进行异构化反应，并且各异构体很快达到动态平衡。然后丁烯聚合为 C_8 中间体，C_8 中间体再裂解生成 $C_2 \sim C_6$ 烯烃。C_8 中间体进行分解反应的同时，也会再与丁烯发生聚合反应生成 C_{12} 烯烃，或进行芳构化、聚合反应生成芳香烃和低聚物。

（3）自由基–碳正离子共同作用机理

在具有双酸性中心的分子筛催化剂上的中温裂解过程中，自由基机理和碳正离子机理共同发挥作用。在酸性分子筛催化剂上存在 B 酸和 L 酸中心。B 酸中心有利于低碳烯烃的生成，而强的 L 酸中心会加速积炭的生成。催化裂解的活性中心除了 B 酸中心和 L 酸中心外，还有非铝酸中心，可能是硅羟基。酸性分子筛催化剂上的 L 酸中心除了进行碳正离子反应外，还可以进行自由基反应。L 酸中心可以激化吸附在催化剂上的石油烃类，加剧烃类的 C—C 键均裂，加速自由基的形成和 β 断裂。

2.3.3　甲醇与碳四烃耦合反应机理

甲醇和碳四烃的转化虽然都是在酸性分子筛上进行，但是各自遵循不同的反应机理，每种反应物的转化都包含了大量的二次反应。与单独的甲醇转化和碳四烃裂解反应相比，两种反应物耦合转化的产物不仅更加复杂，而且互相重叠，无法区分。目前，关于甲醇与碳四烃耦合反应机理的文献报道较少。

张飞等考察了甲醇与碳四烃共裂解反应，发现在耦合反应中甲醇转化的诱导期缩短，同时碳四烃的转化得到促进。这可能是因为碳四烃裂解以 C—C 键的断裂开始，而甲醇制烯烃以 C—O 键的断裂开始。与 C—C 键的断裂相比，C—O 键的断裂反应更容易进行。

Mier 等对分子筛催化剂上甲醇与丁烯耦合制丙烯的反应机理和可能存在的反应路径进行推测。在反应的初始阶段，甲醇会优先吸附在分子筛催化剂的活性中心上，并快速被活化为表面甲氧基团。而丁烯则遵循双分子反应机理转化为碳正离子。这些表面甲氧基团与碳正离子发生反应并生成乙烯、丙烯等低碳烯烃。这些低碳烯烃进一步通过氢转移、烷基化、芳构化、聚合等反应生成烷烃、高碳数的烯烃、芳烃等产物。

常福祥以正己烷裂解作为模型反应，利用脉冲催化反应技术以及 TPSR 和 FT-IR 等手段对甲醇耦合的烷烃裂化反应机理进行研究，并从宏观动力学的角度验证了所提出的机理模型。脉冲催化反应结果表明，在耦合反应中，甲醇能促进烷烃的活化过程，尤其是对吸附能力强的烷烃分子有明显的活化作用，而且甲醇的这种促进作用在低反应温度下、在大孔道空间和高 B 酸位密度的分子筛上体现得更加明显，从而表明了甲醇的加入大大增强了正己烷裂化中的初始活化和链增长过程中双分子机理的发生几率。FT-IR 和 TPSR 以及催化实验的研究结果进一步表明，甲醇在耦合反应中会优先吸附在分子筛催化剂的酸性位上，并被立即转化为表面甲氧基团。该基团能够作为活性位而以氢转移方式促进正己烷的初始活化。同时也发现正己烷在耦合反应中加速了甲醇的快速转化而形成烯烃。大量的烯烃分子又能进一步以双分子氢转移的方式来促进正己烷的链传递过程，并决定了最终的产品分布。

李森等利用小型固定流化床装置对甲醇与石脑油共同进料的反应过程进行了研究，发现甲醇转化与石脑油催化裂化两个过程存在复杂的交互耦合作用。甲醇优先在催化剂上吸附反应，同时石脑油的存在促进了甲醇的转化，使得较长链烃转化为小分子烃类，少量甲醇与石脑油中的芳烃发生苯环甲基化反应。甲醇转化提供的反应热促进了石脑油的裂化，并有利于芳构化反应。随着石脑油中甲醇含量的增加，产物中二甲醚和焦炭的产率持续增加。甲醇与石脑油共同进料与单独石脑油裂化相比，气体烃产率和低碳烯烃选择性均有所增加，产物汽油中烯烃含量增加，烷烃、芳烃的含量呈现先增加后降低的趋势。

潘淏宇对甲醇与正辛烷、异辛烷、环己烷、苯、甲苯以不同比例共同进料的反应过程进行考察，发现在催化裂化条件下，甲醇与单环芳烃可发生苯环甲基化反应，生成多侧链芳烃，该反应只在芳烃含量较高时明显。甲醇与正构烷烃、异构烷烃、环烷烃不反应，但具有一定的相互作用。甲醇的加入促进了烃裂化，提高了气体烃产率。与甲醇/烃单独反应产物按比例加和结果进行比较，发现甲醇与烃的相互作用改变了气体产物的烃组成，对于不同的单体烃，其气体产物烃组成变化不同，但是干气组分的选择性均降低。随着进料中甲醇加入量增加，汽油中 C_4、C_5 烃含量降低，$C_7 \sim C_{10}$ 高碳数烃含量增加，芳烃含量增加。

吴文章等发现甲醇与 $C_4 \sim C_6$ 烯烃共反应的途径既不同于单独甲醇制烯烃反应也不同于单独的 $C_4 \sim C_6$ 烯烃裂解反应。在较高空时下，甲醇与 $C_4 \sim C_6$ 烯烃共反应路径如图 2-7 所示，由于 $C_4 \sim C_6$ 烯烃甲基化活性非常高，迅速和甲醇反应生成了具有稳定分布的 $C_3 \sim C_6$ 烯烃，且其转化速率大大超过氢转移反应，$C_3 \sim C_6$ 烯烃进一步反应生成乙烯，同时烯烃又可通过高碳烯烃中间物发生芳构化反应生成甲苯、二甲苯，并伴随烯烃加氢反应产生烷烃。

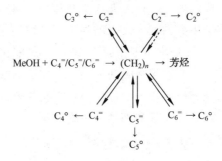

图 2-7 较高空时下甲醇与 $C_4 \sim C_6$ 烯烃共反应
制乙烯、丙烯、烷烃和芳烃的生成途径

在相同催化剂上较低空时下甲醇与 $C_4 \sim C_6$ 烯烃共反应时，最主要的反应途径是 $C_4 \sim C_6$ 烯烃不断发生甲基化和裂化反应循环生成丙烯，如 C_4 烯烃和甲醇共反应时，初始产物是 C_5 烯烃，随着空时的增大，C_5 烯烃继续和甲醇发生甲基化反应生成 C_6 烯烃，后者经甲基化反应生成 C_7 烯烃并裂解生成丙烯，该反应模型如图 2-8 所示。由此可见，甲醇与 $C_4 \sim C_6$ 烯烃共反应时，"烃池"实质是由 $C_4 \sim C_6$ 烯烃和甲醇的甲基化裂化反应形成的，并非由甲醇或烯烃单独生成。"烃池"的主要组分为 $C_3 \sim C_6$ 烯烃。

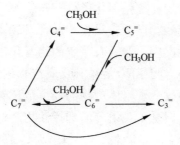

图 2-8 较低空时下甲醇与 $C_4 \sim C_6$ 烯烃共反应制丙烯的主要途径

3　甲醇与丁烯耦合反应的热力学计算

　　针对甲醇与丁烯耦合反应体系进行热力学研究。主要计算了甲醇与丁烯耦合反应体系中各主、副反应的反应焓变、吉布斯自由能变和平衡常数。并从热力学角度分析反应温度、压力、甲醇与丁烯摩尔比以及稀释组分加入量对耦合反应中 $C_2 \sim C_4$ 烯烃平衡组成的影响。

3.1 热力学计算体系的建立和计算方法

甲醇与丁烯耦合反应是一个非常复杂的反应体系，既有甲基化反应，又有烯烃之间相互转化的反应，还包括异构化、歧化、氢转移、芳构化、聚合等多种平行和连续反应。甲醇与丁烯耦合反应的过程为：丁烯与汽化后的甲醇混合，一起进入固定床反应器中，在分子筛催化剂上反应生成乙烯、丙烯和其他副产物。经气相色谱分析，产物中含有 CH_4、C_2H_4、C_2H_6、C_3H_6、C_3H_8、C_4H_8、C_4H_{10}、C_{5+}、CH_3OH、CH_3OCH_3、H_2、CO、CO_2、H_2O 等。根据产物的组成，将耦合反应体系中相关反应进行归纳，主反应由反应式(3-1)~式(3-5)表示，副反应由反应式(3-6)~式(3-16)表示。

主反应：

$$2CH_3OH \Longrightarrow C_2H_4+2H_2O \tag{3-1}$$
$$3CH_3OH \Longrightarrow C_3H_6+3H_2O \tag{3-2}$$
$$4CH_3OH \Longrightarrow C_4H_8+4H_2O \tag{3-3}$$
$$C_4H_8 \Longrightarrow 2C_2H_4 \tag{3-4}$$
$$3C_4H_8 \Longrightarrow 4C_3H_6 \tag{3-5}$$

副反应：

$$CH_3OH+C_2H_4 \Longrightarrow C_3H_6+H_2O \tag{3-6}$$
$$CH_3OH+C_3H_6 \Longrightarrow C_4H_8+H_2O \tag{3-7}$$
$$2CH_3OH \Longrightarrow CH_3OCH_3+H_2O \tag{3-8}$$
$$CH_3OCH_3+2H_2 \Longrightarrow 2CH_4+H_2O \tag{3-9}$$
$$CH_3OH \Longrightarrow CO+2H_2 \tag{3-10}$$
$$CO+H_2O \Longrightarrow CO_2+H_2 \tag{3-11}$$
$$C_2H_4+H_2 \Longrightarrow C_2H_6 \tag{3-12}$$
$$C_3H_6+H_2 \Longrightarrow C_3H_8 \tag{3-13}$$
$$C_4H_8+H_2 \Longrightarrow C_4H_{10} \tag{3-14}$$
$$C_3H_8 \Longrightarrow CH_4+C_2H_4 \tag{3-15}$$
$$C_4H_{10} \Longrightarrow CH_4+C_3H_6 \tag{3-16}$$

在甲醇与丁烯耦合反应体系中，乙烯、丙烯、丁烯含量较高，因此我们研究 $C_2 \sim C_4$ 烯烃之间的热力学平衡，其中丁烯包含 1-丁烯、顺-2-丁烯、反-2-丁烯和异丁烯。甲醇与丁烯耦合反应体系中 $C_2 \sim C_4$ 烯烃热力学平衡组成的计算基于以下假设：①反应在高温、低压下进行，因此反应物和产物均作为理想气体进行处理；②烷烃和芳烃的生成速率较慢，因此作为惰性组分处理；③不考虑积炭对气相产物平衡组成的影响。

反应体系中各物质在25℃、0.1MPa下的热力学数据(标准摩尔生成焓 $\Delta_f H_m^\ominus$；标准摩尔熵 $S_m^\ominus$)和摩尔定压热容系数(a、b、c、d)列于表3-1。

表3-1　各组分的热力学数据和摩尔定压热容系数

物质	$\Delta_f H_m^\ominus/$ (kJ/mol)	$S_m^\ominus/$ [J/(mol·K)]	$a/$ [J/(mol·K)]	$b\times10^2/$ [J/(mol·K^2)]	$c\times10^5/$ [J/(mol·K^3)]	$d\times10^8/$ [J/(mol·K^4)]
CH_3OH	−201.88	239.80	21.15	7.09	2.59	−2.85
C_2H_4	52.30	219.60	3.81	15.66	−8.35	1.76
C_3H_6	20.42	267.00	3.71	23.45	−11.60	2.21
C_4H_8	−0.13	307.50	−2.99	35.32	−19.90	4.46
H_2O	−241.82	188.80	32.24	0.19	1.06	−0.36
CH_3OCH_3	−184.05	263.40	17.02	17.91	−5.23	−0.19
H_2	0.00	130.70	27.14	0.93	−1.38	0.76
CH_4	−74.85	188.00	19.25	5.21	1.20	−1.13
CO	−110.54	197.70	30.87	−1.29	2.79	−1.27
CO_2	−393.51	213.70	19.80	7.34	−5.60	1.72
C_2H_6	−84.68	229.50	5.41	17.80	−6.94	0.87
C_3H_8	−103.85	252.30	−4.22	30.63	−15.86	3.22
C_4H_{10}	−126.15	310.30	9.49	33.13	−11.08	−0.28

（1）标准摩尔反应焓 $\Delta_r H_m^\ominus$ 的计算

各反应在温度 T 下的标准摩尔反应焓 $\Delta_r H_m^\ominus$ 可以根据式(3-17)进行计算

$$d\Delta_r H_m^\ominus/dT = \Delta_r C_{p,m}^\ominus \tag{3-17}$$

将此式积分，在温度25℃至 T 内，若所有反应物和产物均不发生相变化，则得

$$\Delta_r H_m^\ominus(T) = \Delta_r H_m^\ominus(25℃) + \int_{25℃}^{T} \Delta_r C_{p,m}^\ominus dT \tag{3-18}$$

各物质在温度 T 下的摩尔定压热容 $C_{p,m}^\ominus$ 以式(3-19)表示

$$C_{p,m}^\ominus = a + bT + cT^2 + dT^3 \tag{3-19}$$

式中　a，b，c，d——系数，具有不同的单位。

令 $\Delta a = \sum v_B a_B$，$\Delta b = \sum v_B b_B$，$\Delta c = \sum v_B c_B$，则得到

$$\Delta_r C_{p,m}^{\ominus} = \Delta a + \Delta b T + \Delta c T^2 + \Delta d T^3 \qquad (3-20)$$

将式(3-20)代入式(3-18)，可得式(3-21)：

$$\Delta_r H_m^{\ominus}(T) = \Delta H_0 + \Delta a T + \frac{1}{2}\Delta b T^2 + \frac{1}{3}\Delta c T^3 + \frac{1}{4}\Delta d T^4 \qquad (3-21)$$

式中 ΔH_0——积分常数，将25℃下的标准摩尔反应焓代入即可求出。

根据式(3-21)来计算各反应在温度 T 下的标准摩尔反应焓 $\Delta_r H_m^{\ominus}$。

（2）标准摩尔吉布斯自由能变 $\Delta_r G_m^{\ominus}$ 和平衡常数 K_p 的计算

各反应在温度 T 下的标准摩尔反应熵 $\Delta_r S_m^{\ominus}$ 可以由式(3-22)进行计算

$$d\Delta_r S_m^{\ominus}/dT = \Delta_r C_{p,m}^{\ominus}/T \qquad (3-22)$$

将此式积分，在温度25℃至 T 内，若所有反应物和产物均不发生相变化，则得

$$\Delta_r S_m^{\ominus}(T) = \Delta_r S_m^{\ominus}(25℃) + \int_{25℃}^{T}(\Delta_r C_{p,m}^{\ominus}/T)dT \qquad (3-23)$$

将式(3-20)代入式(3-23)，可得式(3-24)：

$$\Delta_r S_m^{\ominus}(T) = I + \Delta a \ln T + \Delta b T + \frac{1}{2}\Delta c T^2 + \frac{1}{3}\Delta d T^3 \qquad (3-24)$$

式中 I——积分常数，将25℃下的标准摩尔反应熵代入即可求出。

根据式(3-24)来计算各反应在温度 T 下的标准摩尔反应熵 $\Delta_r S_m^{\ominus}$。

各反应在温度 T 下的标准摩尔吉布斯自由能变 $\Delta_r G_m^{\ominus}$ 和各反应的平衡常数 K_p 由式(3-25)和式(3-26)求得

$$\Delta_r G_m^{\ominus} = \Delta_r H_m^{\ominus} - T\Delta_r S_m^{\ominus} \qquad (3-25)$$

$$K_p = \exp(-\Delta_r G_m^{\ominus}/RT) \qquad (3-26)$$

式中 R——气体常数，约为8.314J/(mol·K)；

T——反应温度，K。

3.2 反应焓变、吉布斯自由能变和平衡常数

反应式(3-1)~式(3-16)的反应焓变（$\Delta_r H_m^{\ominus}$）随温度的变化见图3-1。由图可知，反应式(3-1)~式(3-3)、式(3-6)~式(3-9)以及式(3-11)~式(3-14)的反应焓变为负值，说明这些反应均为放热反应。反应式(3-1)~式(3-3)的反应焓变在 -25~-150kJ/mol 的范围内，说明甲醇脱水转化制烯烃是一个强放热过程，各反应的放热量随反应温度的升高而减少。在相同的温度下，随着生成烯烃碳数

的增加，反应放热量增加。而反应式(3-4)、式(3-5)、式(3-10)、式(3-15)和式(3-16)的焓变为正值，说明这些反应均为吸热反应。在相同的温度下，丁烯裂解生成乙烯所吸收的热量高于丁烯裂解生成丙烯反应。

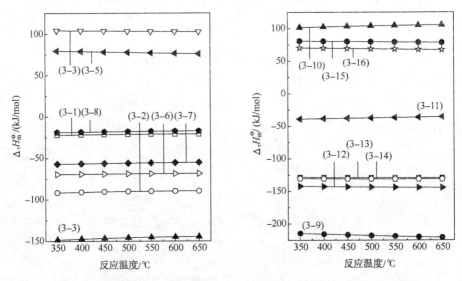

图3-1　反应式(3-1)~式(3-16)的反应焓变($\Delta_r H_m^\ominus$)随温度的变化

表3-2为不同温度下反应式(3-1)~式(3-16)的吉布斯自由能变($\Delta_r G_m^\ominus$)。结果表明，在350~650℃的温度范围内，反应式(3-1)~式(3-3)、式(3-5)~式(3-12)和式(3-14)~式(3-16)的$\Delta_r G_m^\ominus$呈负值，说明这些反应在所考察的温度范围内均可自发进行。而反应式(3-4)的$\Delta_r G_m^\ominus$在温度高于500℃时为负值。从热力学的角度来说，当反应温度低于500℃时，丁烯裂解生成乙烯无法自发进行。反应式(3-13)的$\Delta_r G_m^\ominus$在温度低于550℃时为负值，表明当反应温度高于550℃时，丙烯氢转移生成丙烷反应无法自发进行。

表3-2　不同温度下反应式(3-1)~式(3-16)的吉布斯自由能变($\Delta_r G_m^\ominus$)

T/℃	$\Delta_r G_m^\ominus$/(kJ/mol)							
	式(3-1)	式(3-2)	式(3-3)	式(3-4)	式(3-5)	式(3-6)	式(3-7)	式(3-8)
350	-103.48	-174.24	-229.72	22.77	-7.80	-70.76	-55.48	-6.50
400	-110.02	-180.91	-236.29	16.24	-14.78	-70.89	-55.38	-5.52
450	-116.59	-187.63	-242.93	9.74	-21.73	-71.03	-55.30	-4.57
500	-123.19	-194.37	-249.62	3.25	-28.63	-71.19	-55.25	-3.64

T/℃	$\Delta_r G_m^\ominus/(\text{kJ/mol})$							
	式(3-1)	式(3-2)	式(3-3)	式(3-4)	式(3-5)	式(3-6)	式(3-7)	式(3-8)
550	-129.79	-201.14	-256.36	-3.22	-35.49	-71.35	-55.22	-2.72
600	-136.40	-207.92	-263.12	-9.67	-42.32	-71.52	-55.20	-1.82
650	-143.00	-214.70	-269.90	-16.11	-49.12	-71.70	-55.20	-0.93
T/℃	式(3-9)	式(3-10)	式(3-11)	式(3-12)	式(3-13)	式(3-14)	式(3-15)	式(3-16)
350	-229.58	-50.17	-15.74	-59.38	-31.68	-44.41	-15.60	-18.15
400	-230.74	-62.40	-13.92	-52.72	-23.91	-37.52	-23.33	-25.24
450	-231.82	-74.69	-12.14	-46.03	-16.13	-30.61	-31.04	-32.29
500	-232.03	-87.03	-10.39	-39.31	-8.33	-23.68	-38.72	-39.31
550	-233.77	-99.42	-8.68	-32.57	-0.52	-16.74	-46.37	-46.29
600	-234.64	-111.83	-6.99	-25.80	7.30	-9.79	-54.00	-53.24
650	-235.46	-124.27	-5.34	-19.03	15.11	-2.84	-61.61	-60.16

不同温度下反应式(3-1)~式(3-16)的平衡常数(K_p)见表3-3。可以看出，甲醇制烯烃反应的平衡常数较大，远高于丁烯裂解制烯烃反应的平衡常数。随着反应温度的升高，甲醇制烯烃反应的平衡常数降低，丁烯裂解反应的平衡常数升高，说明升高温度有利于丁烯裂解反应的进行，而对甲醇脱水生成烯烃反应有抑制作用。在相同的反应温度下，随着生成烯烃碳数的增加，反应式(3-1)~式(3-5)的平衡常数均增大，说明与生成丙烯及高碳数烯烃的反应相比，乙烯更难生成。

表3-3 不同温度下反应式(3-1)~式(3-16)的平衡常数(K_p)

T/℃	K_p							
	式(3-1)	式(3-2)	式(3-3)	式(3-4)	式(3-5)	式(3-6)	式(3-7)	式(3-8)
350	4.74×10^8	4.07×10^{14}	1.82×10^{19}	1.23×10^{-2}	4.51	8.57×10^5	4.49×10^4	3.51
400	3.46×10^8	1.10×10^{14}	2.19×10^{18}	5.49×10^{-2}	14.05	3.18×10^5	1.99×10^4	2.68
450	2.65×10^8	3.60×10^{13}	3.56×10^{17}	1.98×10^{-1}	37.14	1.36×10^5	9.89×10^3	2.14
500	2.11×10^8	1.36×10^{13}	7.39×10^{16}	6.03×10^{-1}	86.03	6.47×10^4	5.41×10^3	1.76
550	1.73×10^8	5.84×10^{12}	1.87×10^{16}	1.60	1.79×10^2	3.38×10^4	3.20×10^3	1.49
600	1.45×10^8	2.76×10^{12}	5.54×10^{15}	3.79	3.41×10^2	1.90×10^4	2.01×10^3	1.29

$T/℃$	K_p							
	式(3-1)	式(3-2)	式(3-3)	式(3-4)	式(3-5)	式(3-6)	式(3-7)	式(3-8)
650	$1.24×10^8$	$1.42×10^{12}$	$1.88×10^{15}$	8.16	$6.02×10^2$	$1.14×10^4$	$1.33×10^3$	1.13
$T/℃$	式(3-9)	式(3-10)	式(3-11)	式(3-12)	式(3-13)	式(3-14)	式(3-15)	式(3-16)
350	$1.78×10^{19}$	$1.61×10^4$	20.89	$9.52×10^4$	$4.53×10^2$	$5.30×10^3$	20.33	33.24
400	$8.12×10^{17}$	$6.97×10^4$	12.04	$1.24×10^4$	71.77	$8.17×10^2$	64.72	90.94
450	$5.61×10^{16}$	$2.49×10^5$	7.53	$2.12×10^3$	14.62	$1.63×10^2$	$1.75×10^2$	$2.15×10^2$
500	$5.42×10^{15}$	$7.61×10^5$	5.04	$4.53×10^3$	3.65	39.82	$4.14×10^2$	$4.53×10^2$
550	$6.87×10^{14}$	$2.04×10^6$	3.55	$1.17×10^2$	1.08	11.54	$8.78×10^2$	$8.67×10^2$
600	$1.10×10^{14}$	$4.92×10^6$	2.62	34.99	0.37	3.85	$1.70×10^3$	$1.53×10^3$
650	$2.12×10^{13}$	$1.08×10^7$	2.01	11.94	0.14	1.45	$3.07×10^3$	$2.54×10^3$

反应式(3-12)~式(3-14)的平衡常数随着温度的升高而降低，由此可知，降低反应温度可以抑制 C_2~C_4 烯烃加氢生成烷烃反应。生成甲烷的反应包括式(3-9)、式(3-15)和式(3-16)。从表3-3可以看出，在相同的反应温度下，二甲醚加氢生成甲烷反应式(3-9)的平衡常数远高于丙烷裂解生成甲烷反应式(3-15)和丁烷裂解生成甲烷反应式(3-16)的平衡常数。由此推测，反应体系中甲烷主要通过二甲醚加氢转化生成。由图3-1可知，二甲醚加氢生成甲烷为放热反应，可以通过适当降低反应温度来抑制甲烷的生成。此外，生成 CO 和 CO_2 的反应包括式(3-10)和式(3-11)，甲醇热裂解生成 CO 反应的平衡常数远大于 CO 和 H_2O 经水煤气变换反应生成 CO_2 反应的平衡常数，由此推测，甲醇转化产物中 CO 的含量应高于 CO_2。

3.3 反应温度对 C_2~C_4 烯烃平衡组成的影响

基于吉布斯自由能最小原理和三点假设，假设反应压力为 0.1MPa，稀释组分加入量为 0，耦合体系中甲醇与丁烯摩尔比为 1。利用热力学计算软件 HSC Chemistry，计算了反应温度对甲醇转化、丁烯裂解和甲醇与丁烯耦合反应三个体系中的 C_2~C_4 烯烃平衡组成的影响，结果如图 3-2 所示。

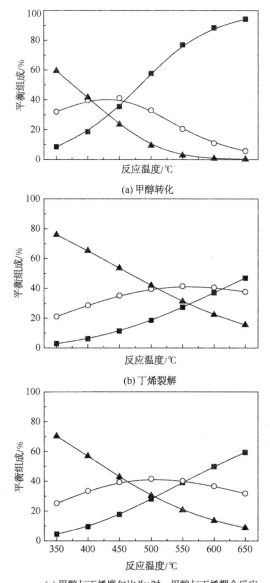

(a) 甲醇转化

(b) 丁烯裂解

(c) 甲醇与丁烯摩尔比为1时，甲醇与丁烯耦合反应

图 3-2　反应温度对 $C_2 \sim C_4$ 烯烃平衡组成的影响

■—C_2H_4；○—C_3H_6；▲—C_4H_8

在甲醇转化、丁烯裂解和甲醇与丁烯耦合反应三个体系中，随着反应温度的升高，乙烯的平衡摩尔分率增加，丙烯的平衡摩尔分率先增加后降低。在甲醇转

化、丁烯裂解和甲醇与丁烯耦合反应三个体系中，丙烯含量达到最大值时所对应的反应温度不同，分别为450℃、550℃和500℃，而乙烯含量超过丙烯含量所对应的温度也有所不同，分别为460℃、615℃和555℃。此外，在甲醇转化、丁烯裂解和甲醇与丁烯耦合反应三个体系中，丁烯的平衡摩尔分率随着反应温度的升高而下降，说明升高反应温度可以促进丁烯的裂解。与丁烯裂解和甲醇与丁烯耦合反应体系相比，单独的甲醇转化反应中 $C_2 \sim C_4$ 烯烃平衡摩尔分率随反应温度的上升其变化程度最为显著。

在甲醇转化、丁烯裂解和甲醇与丁烯耦合反应三个体系中，不同反应温度下丙烯与乙烯的摩尔比（n_p/n_E）见表3-4。可以看出，随着反应温度的升高，三个体系中的丙烯和乙烯的摩尔比均呈降低趋势。从热力学的角度讲，可以通过改变反应温度来调节产物中丙烯与乙烯的比例。在相同的反应温度下，与甲醇转化和耦合反应体系相比，单独的丁烯裂解反应中丙烯与乙烯的摩尔比较高。由此可知，在甲醇反应中加入丁烯，可以提高体系中丙烯与乙烯的比例。

表3-4　在甲醇转化、丁烯裂解和甲醇与丁烯耦合反应三个体系中，
不同反应温度下的丙烯与乙烯的摩尔比（n_p/n_E）

反应	n_p/n_E						
	350℃	400℃	450℃	500℃	550℃	600℃	650℃
甲醇转化	3.78	2.14	1.16	0.57	0.27	0.12	0.06
丁烯裂解	7.34	4.67	3.11	2.14	1.52	1.09	0.80
甲醇与丁烯耦合反应	5.70	3.49	2.22	1.48	1.03	0.74	0.53

3.4　压力对 $C_2 \sim C_4$ 烯烃平衡组成的影响

在反应温度为500℃，甲醇与丁烯摩尔比为1，稀释组分加入量为0时，计算了压力对甲醇与丁烯耦合反应中 $C_2 \sim C_4$ 烯烃平衡组成的影响，结果如图3-3所示。

随着压力的升高，乙烯、丙烯的平衡摩尔分率降低，并且乙烯平衡摩尔分率的下降程度大于丙烯，说明升高压力不利于低碳烯烃的生成。丁烯的平衡摩尔分率随着压力的升高而增加，由此可知，升高压力不利于丁烯的转化。因此，甲醇与丁烯耦合反应通常选择在常压下进行。

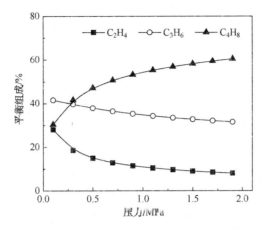

图 3-3　压力对甲醇与丁烯耦合反应中 $C_2 \sim C_4$ 烯烃平衡组成的影响

3.5　进料组成对 $C_2 \sim C_4$ 烯烃平衡组成的影响

在 500℃、0.1MPa、稀释组分加入量为 0 的条件下，考察了甲醇与丁烯摩尔比对耦合反应中 $C_2 \sim C_4$ 烯烃的平衡组成的影响，结果见图 3-4。与单独的甲醇转化和丁烯裂解反应相比，耦合反应中的丁烯平衡摩尔分率降低，说明甲醇的加入有利于丁烯裂解反应的进行。随着甲醇与丁烯摩尔比的增加，丙烯的平衡摩尔分率先增加后降低。从热力学的角度分析，为了获得较高的丙烯收率，甲醇与丁烯的摩尔比选择 0.6~1.5 是比较合适的。

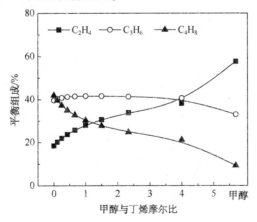

图 3-4　甲醇与丁烯摩尔比对甲醇与丁烯耦合反应中 $C_2 \sim C_4$ 烯烃平衡组成的影响

在不同的反应温度下，考察了稀释组分（如 N_2 等）加入量对乙烯、丙烯平衡摩尔分率的影响，结果见图 3-5。稀释组分加入量用稀释组分占总物料的摩尔分数（y_d）来表示。从图 3-5(a) 看出，在 350~650℃ 的温度范围内，乙烯的平衡摩尔分率随稀释组分加入量的增加而增加，说明稀释组分的加入有利于乙烯的生成。从图 3-5(b) 看出，在不同的反应温度下，丙烯平衡摩尔分率随稀释组分加入量的增加呈现出不同的变化趋势。在 350~450℃ 中，丙烯平衡摩尔分率随稀释组分加入量的增加而增加。而在 500~650℃ 中，丙烯平衡摩尔分率随稀释组分加入量的增大逐渐降低。

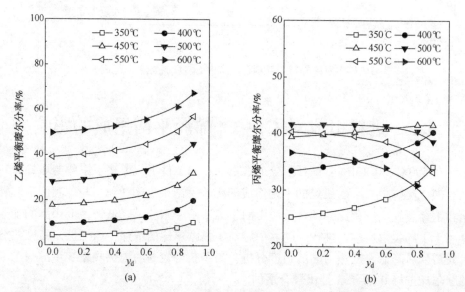

图 3-5　稀释组分摩尔分数（y_d）对甲醇丁烯耦合反应中乙烯、丙烯平衡摩尔分率的影响

根据平衡移动原理，稀释组分的加入降低了反应体系中原料的分压，使反应平衡向着摩尔数增加的方向移动。而生成乙烯的反应式(3-1)和式(3-4)的膨胀因子比生成丙烯的反应式(3-2)和式(3-5)的膨胀因子大，因此稀释组分的加入量对乙烯平衡组成的影响比对丙烯大。根据之前的计算结果可知，升高反应温度对甲醇制烯烃反应有抑制作用，而反应式(3-1)的平衡常数大于反应式(3-2)，因此升高温度对甲醇生成丙烯反应的抑制作用较大。从热力学的角度分析，反应温度选择 500~550℃，稀释组分摩尔分数为 0.2~0.6 时，有利于乙烯和丙烯的生成。

4 催化剂的合成、表征和评价方法

HZSM-5 分子筛具有特殊的三维孔道结构、孔径尺寸、稳定的骨架结构和大范围可调的硅铝比，在多种反应过程中表现出优异的催化性能。通过水热处理、酸/碱处理、金属和非金属改性等方法对 HZSM-5 分子筛进行改性，可以调变其孔结构、酸量和酸中心分布等性质，进一步提高 HZSM-5 分子筛的催化性能和反应寿命。本章介绍 HZSM-5 分子筛催化剂的制备和改性方法以及表征和催化剂催化性能的评价方法。

4.1 HZSM-5 分子筛概述

HZSM-5 是美国 Mobil 公司于 1972 年开发的一种具有三维交叉孔道结构的分子筛。HZSM-5 分子筛属于正交晶系，晶胞组成为 $Na_n(Al_nSi_{96-n}O_{192}) \cdot 16H_2O$，晶胞中的 Al 原子数可以在 0~27 之间变化。HZSM-5 分子筛的基本结构如图 4-1 所示。HZSM-5 分子筛中的特征结构单元是由 8 个五元环组成的单元，称为 $[5^8]$ 单元[图 4-1(a)]，这些 $[5^8]$ 单元通过边共享形成平行于 c 轴的五硅链[Pentasil 链，图 4-1(b)]，具有镜像关系的五硅链连接在一起形成带有十元环孔呈波状的网层[图 4-1(c)]，网层之间又进一步连接形成三维骨架结构[图 4-1(d)]，相邻的网层以对称中心相关。

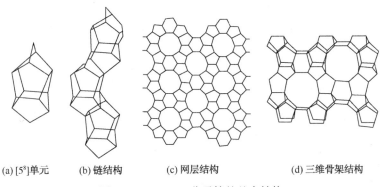

(a) $[5^8]$ 单元   (b) 链结构   (c) 网层结构   (d) 三维骨架结构

图 4-1　HZSM-5 分子筛的基本结构

HZSM-5 分子筛骨架中含有两组交叉的孔道体系，如图 4-2 所示。一组是平行于 a 轴的 S 形十元环孔道，孔径为 5.1Å× 5.5Å，另一组是平行于 b 轴的直筒形十元环孔道，孔径为 5.3Å × 5.6Å。HZSM-5分子筛独特的孔道结构，不仅为反应物和产物提供了丰富的进出通道，而且为择形催化提供了良好的空间限制作用。HZSM-5 分子筛属于中孔沸石，由于它没有笼，因此在催化过程中不易积炭，同时 HZSM-5 亲油疏水，因此具有良好的热稳定性和水热稳定性。HZSM-5 分子筛表面有两类酸性中

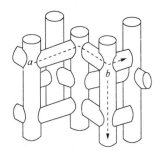

图 4-2　HZSM-5 分子筛的
孔道结构

心，分别是 L 酸和 B 酸中心。B 酸中心主要来源于分子筛骨架中的桥羟基，而 L 酸中心主要来源于分子筛骨架上或骨架外配位不饱和的铝物种如 AlO^+、Al_xO_y，以及其他骨架外阳离子。

通过对 HZSM-5 分子筛改性处理可以达到调变其孔结构、酸量和酸中心分布等性质的目的，进一步提高 HZSM-5 分子筛的催化性能和反应寿命。常用的方法包括水热处理、酸/碱处理、金属改性及非金属改性等。

（1）水热处理

水热处理是采用高温水蒸气对 HZSM-5 分子筛进行脱铝改性，其转化机理如图 4-3 所示。HZSM-5 骨架中的铝原子与附近其他原子的结合力较弱，在对其进行水热处理的过程中，四配位的骨架铝会与水发生作用，形成非骨架铝 Al(OH)$_3$ 并进入分子筛的孔道。HZSM-5 中的骨架铝可以提供了较强的 B 酸中心。随着水蒸气处理温度的提高和处理时间的延长，分子筛脱铝程度加深，其 B 酸量和 B 酸中心的强度会随之降低。

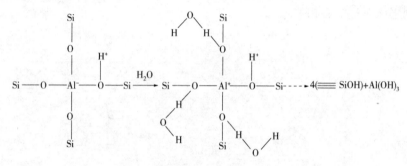

图 4-3　高温水热处理 HZSM-5 分子筛脱铝转化机理

Zhang 等发现水热处理会导致纳米 HZSM-5 分子筛骨架发生脱铝，铝原子被脱除后留下来的空穴会被无定形 SiO$_2$ 填充，导致分子筛结构重组。研究结果表明，水热处理后的纳米 HZSM-5 具有更好的水热稳定性。部分研究者认为水热处理可以疏通 HZSM-5 分子筛的孔道。毛东森等发现用柠檬酸溶液对水热处理后的 HZSM-5 分子筛进行洗涤，可以脱除分子筛孔道中的非骨架铝物种，使 HZSM-5 的孔容和孔径增大，从而有利于产物的扩散。也有研究者认为水蒸气处理会导致 HZSM-5 的孔道变窄。方黎阳等对 HZSM-5 分子筛进行水蒸气处理，发现脱铝造成分子筛孔道变窄，孔容及通道相交处的体积减小，分子筛择形效应增强。

（2）酸/碱处理

酸/碱处理是采用适当浓度的酸溶液或碱溶液对 HZSM-5 分子筛进行处理的方法。酸处理可以脱除 HZSM-5 骨架中的部分铝原子，而碱处理可以脱除 HZSM-5 骨架中的部分硅原子。对 HZSM-5 分子筛进行酸/碱处理改性，HZSM-5 的孔体积增加，孔径变大。通过改变酸溶液或碱溶液的浓度、处理时间和处理温度可以调节改性的深度。此外，改性后分子筛骨架的硅铝比发生变化，从而导致其酸性改变。研究结果表明，改性后的 HZSM-5 分子筛的催化裂解性能增强。

刘司发现采用 HCl 溶液对 PtZSM-5 分子筛催化剂进行处理，脱除了催化剂骨架中的部分硅和铝，导致部分介孔的生成，改性后催化剂的微孔体积下降，总孔体积和比表面积增加。Groen 等采用 0.2mol/L 的 NaOH 溶液，在 65℃下，对硅铝比为 37 的 HZSM-5 进行碱处理 30min，发现分子筛的介孔表面积从 40m²/g 增长到 225m²/g，而其微孔表面积没有明显减少。Ogura 等采用浓度为 0.05mol/L 的 NaOH 水溶液对 HZSM-5 分子筛进行处理，发现碱处理使分子筛的介孔体积和外表面积均有所增加，而对其微孔体积和 BET 表面积没有明显影响。随着处理时间的延长，分子筛中介孔孔径略有增加，当处理时间延长至 300min 时，分子筛中出现了直径约 4nm 的介孔。此外，Ogura 等还发现随着碱处理时间的延长，HZSM-5 分子筛的总酸量降低，其中 B 酸中心酸量没有明显变化，L 酸中心酸量略有增加。而 NaOH 溶液的浓度对分子筛的酸性没有明显影响。

酸/碱处理改性是一种低成本制备多级孔分子筛的方法，得到的孔道结构具有一定的局限性。一般来讲，只有在特定的处理条件下，分子筛中才会生成与外表面相连接的介孔结构，这种介孔结构更有利于分子的扩散。采用酸/碱处理很难在沸石分子筛中引入连续并且分布均匀的介孔，却会造成分子筛相对结晶度的下降和微孔的减少，同时脱铝会造成部分活性中心丧失，使催化剂活性降低。

（3）金属改性

金属改性可根据金属引入方式的不同分为后处理和原位改性。后处理是指通过浸渍、离子交换、机械混合等方式将金属元素引入 HZSM-5 分子筛，调变其物化性质，并进一步提高其催化活性和稳定性。金属离子一般会与 HZSM-5 分子筛表面羟基发生相互作用，使其强酸中心量降低，同时生成了强度较弱的酸中心。部分金属氧化物沉积于分子筛孔道中，起到修饰孔道并提高其择形作用的效果。部分研究表明，两种或两种以上金属的改性效果优于单一金属改性。

Zhang 等以浸渍法制备了不同 Ca 负载量的 Ca/HZSM-5 分子筛并用于 MTO 反应中。研究表明，Ca 改性后 HZSM-5 的酸量降低，尤其是强酸量明显下降。此外，Ca 与 HZSM-5 发生相互作用生成有利于 MTO 反应的碱催化活性中心。在 MTO 反应中，未改性的 HZSM-5 分子筛的丙烯选择性为 13.5%，催化剂稳定性仅为 8h。Ca 的引入抑制了催化剂上的二次反应和积炭反应，提高催化剂上低碳烯烃的选择性和稳定性。当 Ca 负载量为 6% 时，催化剂的丙烯选择性最高，为 50.1%，催化剂稳定性达到 35h。Valle 等采用浸渍法对 HZSM-5 分子筛进行 Ni 改性，并用于 MTO 反应。研究表明，Ni 的引入使 HZSM-5 酸中心的强度和数量降低。改性后的催化剂上甲醇转化率降低，但是催化剂的稳定性增强。当 Ni 负载量为 1%（质量）时，改性后的分子筛催化剂具有较好的再生性能。潘红艳等采用 Cu、Fe、Ag 分别对 HZSM-5 分子筛进行改性。结果表明，金属离子的引入使 HZSM-5 分子筛上强酸中心的酸量明显减少，而 Fe 和 Cu 的引入使 HZSM-5 表面产生了新的中强酸中心。在 MTO 反应中，Ag 改性的 HZSM-5 分子筛催化剂活性最高，催化剂上乙烯和丙烯的总选择性达到 88.04%。

原位合成是在 HZSM-5 分子筛的合成过程中引入金属，使其部分或全部地置换分子筛骨架中的 Si 或 Al，以达到改善分子筛性质和催化性能的目的。理想的骨架同晶置换应当满足以下条件：①金属原子必须与 Si、Al 原子半径相似；②金属原子可以按照四面体配位植入分子筛骨架中。常用的改性元素有 Cu、V、Ca、Ti、V、Zn、Cr、Ni、Ga、Ge、Fe 等。

孙慧勇等采用水热法合成了含 Fe 的 HZSM-5 分子筛。随 Fe 含量的增加，分子筛的晶胞体积增加。在 MTO 反应中，Fe-HZSM-5 比 Al-HZSM-5 上的 $C_2 \sim C_4$ 烯烃的选择性更高。佟惠娟等制备了含 Fe 和 V 的双杂原子 HZSM-5 分子筛。结果发现，随着杂原子含量增加，催化剂晶粒尺寸增大。在乙苯氧化脱氢反应中，含 Fe 和 V 的双杂原子 HZSM-5 分子筛比含 Fe 或 V 的单原子 HZSM-5 显示出更高的活性和稳定性。马淑杰等合成了双杂原子 Ti-Fe-HZSM-5 分子筛。研究表明分子筛中的 Ti 和 Fe 原子具有协同效应。在苯酚羟基化反应中，Ti-Fe-HZSM-5 分子筛具有较好的热稳定性。

（4）非金属改性

磷改性是最常用的 HZSM-5 分子筛非金属改性方法。磷酸与 HZSM-5 分子筛上的 B 酸中心的作用机理如图 4-4 所示。磷酸与 HZSM-5 表面的桥羟基 Si(OH)Al 发生作用，生成了酸性较弱的磷羟基 P-OH，导致分子筛酸性降低。宋守强等采用磷酸氢二铵水溶液对不同硅铝比的 HZSM-5 分子筛（$SiO_2/Al_2O_3 = 45$、150、250）进行浸渍，再用 100% 的水蒸气于 550℃ 下对 HZSM-5 进行水热处理 2h。结果表明，对不同硅铝比的 HZSM-5 分子筛进行磷改性，改性的效果有所不同。对低硅铝比的 HZSM-5 分子筛进行磷改性，磷物种与分子筛中的骨架铝形成 P—O—Al 键，导致四配位骨架铝数量减少。磷物种分布在分子筛的外表面、孔口及孔道内，造成分子筛的比表面积和孔体积明显下降。对高硅铝比 HZSM-5 分子筛进行磷改性时，磷物种主要以正磷酸或二聚磷酸形式分布于分子筛外表面，此类磷物种与骨架铝接触和作用程度均较小，因此对分子筛的孔结构和酸性影响较弱。磷改性分子筛的催化活性与磷含量和分子筛的铝含量有关。Blasco 等采用磷酸和磷酸氢二铵对 HZSM-5 分子筛进行先浸渍处理，发现磷的引入有效抑制了 HZSM-5 分子筛骨架在水热环境下的脱铝，提高了分子筛的水热稳定性。

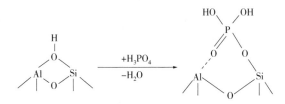

图 4-4　磷酸与 HZSM-5 分子筛上的 B 酸中心的作用机理

氟改性也是常见的 HZSM-5 分子筛改性方法之一，该方法对分子筛的酸性和孔性质均产生一定影响。图 4-5 为 NH_4F 与 HZSM-5 分子筛发生交互作用的反应模型。一般认为，HZSM-5 分子筛上的 B 酸中心主要来自与骨架铝连接的桥羟基，氟改性会造成了分子筛骨架铝原子的脱除，从而导致其 B 酸量降低。另一方面，F^- 取代了分子筛上与骨架铝相连的羟基，由于 F^- 具有较强的诱导作用，使分子筛上 L 酸量增加。采用氟硅酸铵对 HZSM-5 进行改性时，氟硅酸铵水解会产生 HF、NH_4F 和 $Si(OH)_4$。HF 和 NH_4F 提供的酸性环境可以脱除催化剂上的骨架铝和催化剂孔道内的无定形物种，而 $Si(OH)_4$ 可以对分子筛脱铝后产生的晶格缺陷进行填补。

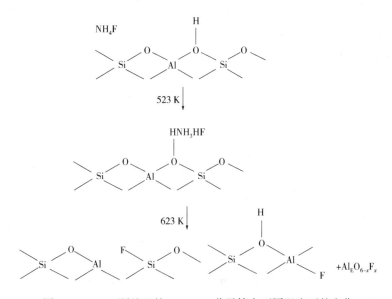

图 4-5　NH_4F 预处理的 HZSM-5 分子筛在不同温度下的变化

胡思等发现采用低浓度(≤0.5mol/L)的氟硅酸铵溶液可以有效清除 HZSM-5 分子筛孔道内的非骨架物种,使分子筛的外表面积和介孔孔容增加。对 HZSM-5 分子筛进行补硅处理可使其相对结晶度有所提高。高浓度的氟硅酸铵溶液会造成 HZSM-5 分子筛过度脱铝,形成大量缺陷空位,此时水解产生的硅物种不能及时补充到这些空位中,会导致分子筛的相对结晶度和比表面积下降。随着氟硅酸铵浓度的增加,催化剂上酸量和酸强度不断降低。Feng 等采用不同浓度(0.01mol/L、0.1mol/L、0.3mol/L 和 1.0mol/L)的 NH_4F 水溶液对 HZSM-5 分子筛进行浸渍处理,发现 F^- 的引入使 HZSM-5 分子筛的 L 酸和 B 酸酸量均有不同程度增加。同时 NH_4F 处理使 HZSM-5 中形成了二次孔道,使其比表面积和孔体积增加。李继霞等采用不同浓度(HF 浓度:1%、5%和10%)的 HF/丙酮溶液在不同条件下对 HZSM-5 分子筛进行处理。结果表明,改性处理脱除了分子筛骨架中的部分铝原子和硅原子,造成分子筛结构缺陷,这些结构缺陷互相连通形成了二次孔道,导致分子筛孔容及平均孔径的增加。

(5)其他改性方法

采用预积炭、惰性物质化学沉积、添加助剂等手段来对 HZSM-5 分子筛催化剂进行改性,来调变催化剂的酸性和孔道结构。王清遐等用硅对 HZSM-5、PZSM-5 和 BiZSM-5 分子筛催化剂进行修饰,发现硅改性使催化剂的孔体积减小,孔径变窄。随着硅加入量的增加,催化剂上的 B 酸和 L 酸酸量同时下降,这有利于提高催化剂上的对位选择性。赵天生等采用机械混合法在 HZSM-5 分子筛催化剂中加入不同的氧化物作为黏结剂,发现以高岭土和二氧化硅为黏结剂时,催化剂上的强酸量显著降低。在甲醇制丙烯反应中,HZSM-5 分子筛催化剂上的丙烯选择性由 27.1%分别提高至 34.5%和28.4%。

4.2 催化剂的制备和改性

(1)HZSM-5 分子筛催化剂的制备

① 将硝酸铝加入浓度为 25%的四丙基氢氧化铵水溶液中,待硝酸铝完全溶解,再缓慢加入正硅酸乙酯,室温搅拌 48h,此时混合物中各组分摩尔比为 Al_2O_3:$60SiO_2$:$23TPAOH$:$650H_2O$。将混合物于 50℃下真空加热一定时间除去多余的水和醇。然后转移至带有聚四氟内衬的水热釜中,于 170℃下静态晶化 48h。晶化结束后,用去离子水将产物反复洗涤至中性,110℃下干燥 12h,550℃下焙烧 7h,得到 HZSM-5 分子筛,记作 NZ-1。

② 将异丙醇铝和去离子水加入浓度为 25%的四丙基氢氧化铵水溶液中,待

异丙醇铝完全溶解后，再逐滴加入正硅酸乙酯，室温搅拌 48h，此时混合物中各组分摩尔比为 $Al_2O_3 : 60SiO_2 : 12TPAOH : 900H_2O$。将混合物于 40℃下真空加热一定时间除去多余的水和醇。然后将混合物转移至带有冷凝回流的圆底烧瓶中，将烧瓶置于水浴锅中，转速设置为 150r/mim，于 90℃下动态晶化 90h。晶化结束后，用去离子水将产物反复洗涤至中性，110℃下干燥 12h，550℃下焙烧 5h，得到 HZSM-5 分子筛，记作 NZ-2。

③ 将铝酸钠、氢氧化钠和去离子水加入浓度为 25% 的四丙基氢氧化铵水溶液中，搅拌 0.5h，再缓慢加入一定量的正硅酸乙酯，室温搅拌 10h，此时混合物中各组分摩尔比为 $Al_2O_3 : 60SiO_2 : 1.5Na_2O : 12.5TPAOH : 575H_2O$。将混合物转移至带有聚四氟内衬的水热釜中，于 170℃下静态晶化 48h。晶化结束后，用去离子水将产物反复洗涤至中性，110℃下干燥 12h，550℃下焙烧 5h，得到 NaZSM-5 分子筛。将 NaZSM-5 分子筛于 90℃下进行三次铵交换得到 NH_4ZSM-5，再将 NH_4ZSM-5 分子筛于 500℃下焙烧 5h，得到 HZSM-5 分子筛，记作 NZ-3。按照上述步骤来制备了 $SiO_2/Al_2O_3 = 240$ 的 HZSM-5 分子筛，记作 NZ-3(240)。

④ 将异丙醇铝和去离子水加入浓度为 25% 的四丙基氢氧化铵水溶液中，待异丙醇铝完全溶解后，再缓慢加入一定量的正硅酸乙酯，室温搅拌 10h，此时混合物中各组分摩尔比为 $Al_2O_3 : 60SiO_2 : 12TPAOH : 900H_2O$。然后按照 $HF/TPAOH = 1$ 的比例向混合物中加入一定量的氢氟酸并搅拌均匀。将混合物转移至带有聚四氟内衬的水热釜中，于 170℃下静态晶化 120h。晶化结束后，用去离子水将产物反复洗涤至中性，110℃下干燥 12h，550℃下焙烧 5h，得到 HZSM-5 分子筛，记作 MZ。

（2）Ce/NZ 分子筛催化剂的制备

按照 NZ-3 合成步骤制备 $SiO_2/Al_2O_3 = 60$ 的 HZSM-5 分子筛，记作 NZ。采用浸渍法对 NZ 催化剂进行铈改性。将 NZ 分别浸入不同浓度的硝酸铈水溶液中，于 50℃下搅拌 3h，然后继续加热蒸发掉多余水分。将产物于 110℃下干燥 12h，500℃下焙烧 5h，得到了铈改性的 HZSM-5 分子筛催化剂，记作 xCe/NZ，其中 x% 为铈元素占 HZSM-5 分子筛的质量分数。

（3）B/NZ 分子筛催化剂的制备

按照 NZ-3 合成步骤制备硅铝 HZSM-5 分子筛（$SiO_2/Al_2O_3 = 60$），记作 NZ。采用浸渍法对 NZ 催化剂进行硼改性。将 NZ 分别浸入不同浓度的硼酸水溶液中，于 50℃下搅拌 3h，然后继续加热蒸发掉多余水分。将产物于 110℃下干燥 12h，500℃下焙烧 5h，得到硼改性的 HZSM-5 分子筛催化剂，记作 xB/NZ，其中 x% 为硼元素占 HZSM-5 分子筛的质量分数。

(4)B,Al-NZ 分子筛催化剂的制备

称取一定量的铝酸钠、氢氧化钠、硼酸、去离子水加入浓度为 25% 的四丙基氢氧化铵水溶液中，搅拌 0.5h，再缓慢加入一定量的正硅酸乙酯，室温搅拌 10h。此时混合物中各组分摩尔比为 Al_2O_3 : $60SiO_2$: xB_2O_3 : $1.5Na_2O$: $12.5TPAOH$: $575H_2O$。将混合物转移至带有聚四氟内衬的水热釜中，于 170℃ 下静态晶化 48h。晶化结束后，用去离子水将产物反复洗涤至中性，110℃ 下干燥 12h，550℃ 下焙烧 5h，得到 Na 型分子筛。将 Na 型分子筛于 90℃ 下进行三次铵交换得到 NH_4 型分子筛。再将 NH_4 型分子筛于 500℃ 下焙烧 5h，得到含硼原子的 HZSM-5 分子筛，记作 B,Al-NZ-x，其中 x 为 B/Al 的原子比。

(5) B-NZ 分子筛催化剂的制备

称取一定量的硼酸、氢氧化钠和去离子水加入浓度为 25% 的四丙基氢氧化铵水溶液中，搅拌 0.5h，再缓慢加入一定量的正硅酸乙酯，再搅拌 10h，此时混合物各组分摩尔比为 B_2O_3 : $60SiO_2$: $1.5Na_2O$: $12.5TPAOH$: $575H_2O$。将混合物转移至带有聚四氟内衬的水热釜中，于 170℃ 下晶化 48h。晶化结束后，用去离子水将产物反复洗涤至中性，110℃ 下干燥 12h，550℃ 下焙烧 5h，得到 Na 型分子筛。将 Na 型分子筛于 90℃ 下进行三次铵交换得到 NH_4 型分子筛。再将 NH_4 型分子筛于 500℃ 下焙烧 5h，得到硅硼 HZSM-5 分子筛，记作 B-NZ。

4.3 催化剂的表征方法

(1) X-射线衍射(XRD)

采用日本 Rigaku 公司的 X-射线衍射仪(D/max-3C)对样品进行物相鉴定。将样品的 XRD 谱图与标准卡片中衍射峰的位置及其相对强度进行比较，来判断所测样品的晶体结构。测试条件为：Cu 靶 Kα 射线($\lambda = 0.15046nm$)，管电压为 35kV，管电流为 40mA，步长为 0.02°，扫描速度为 10°/min。

(2) 扫描电子显微镜(SEM)

采用日本 HITACHI 公司的扫描电子显微镜(S-4800)对样品的形貌进行分析。扫描电压为 200kV。制样过程如下：取少量样品粉末加入乙醇溶液中，经超声处理得到含有样品的悬浮液。将少量含有样品的悬浮液滴于铝箔上，待完全干燥后喷金，并进行 SEM 测试。

（3）透射电子显微镜（TEM）

采用美国 FEI 公司的透射电子显微镜（Tecnai G^{2}F20S-TWIN）来观察样品的晶体结构。加速电压为 200kV。制样过程如下：取少量样品粉末加入乙醇溶液中，经超声处理得到含有样品的悬浮液。然后将表面附有碳膜的铜网浸入含有样品的悬浮液中。最后将铜网取出晾干并进行 TEM 测试。

（4）氮气等温吸附-脱附测试

采用氮气等温吸附-脱附测试来测定样品的比表面积和孔体积。氮气等温吸附-脱附测试在美国 Micromeritics 公司的物理吸附分析仪（ASAP400）上进行。样品在 200℃下脱气处理 3h，在液氮温度（-196℃）下进行测试。样品的比表面积采用 BET 法进行计算，总孔体积由相对压力（p/p_0）为 0.99 时的氮气吸附量进行计算，微孔体积用 t 曲线法进行计算。

（5）氨气程序升温脱附（NH$_3$-TPD）

采用 NH$_3$-TPD 来表征催化剂上酸中心的数量和强度。NH$_3$-TPD 测试在美国 Micromeritics 公司的化学吸附仪（Autochem2920）上进行。称取 100mg 样品（40～60目）置于 U 形石英反应管中，在氮气气氛中于 400℃下预处理 2h。预处理结束后，待床层温度降至 50℃，持续通入 10% NH$_3$/He 的混合气体 30min，使样品吸附 NH$_3$ 至饱和，再用氮气进行吹扫，以消除催化剂上物理吸附的 NH$_3$。待 TCD 检测器基线平稳后，以 10℃/min 的升温速率将床层温度升至 700℃进行 NH$_3$脱附，得到 NH$_3$-TPD 曲线。

（6）吡啶吸附红外光谱（Py-IR）

采用 Py-IR 光谱来表征催化剂上酸中心的类型。Py-IR 表征在德国 Bruker 公司的红外光谱仪（IF113V）上进行。称取 15～20mg 样品压成直径为 10mm 的圆片并装入原位池中。以 10℃/min 的升温速率将原位池温度升至 400℃并保持 3h，同时进行抽真空预处理。预处理结束后，待原位池温度降至室温，此时扫描红外谱图作为背景。在室温下，使样品吸附吡啶 30min 后，以 10℃/min 的升温速率从室温分别升至 150 和 350℃进行脱附。脱附后待原位池温度降至室温，再次对样品进行红外谱图的扫描。使用软件对样品的红外谱图和背景进行差谱，就得到了分别在 150℃和 350℃下脱附吡啶后的红外谱图。

根据式（4-1）和式（4-2）来分别计算催化剂上的 L 酸和 B 酸中心的酸量

$$C_L = K_L \times A_{1450} = (\pi/IMEC_L) \times (\gamma^2/w) \times A_{1450} \qquad (4-1)$$

$$C_B = K_B \times A_{1540} = (\pi/IMEC_B) \times (\gamma^2/w) \times A_{1540} \qquad (4-2)$$

式中　　　C_L——L 酸中心的酸量，μmol/g；

　　　　　C_B——B 酸中心的酸量，μmol/g；

A_{1450}——波数在 $1450cm^{-1}$ 处特征峰的峰面积；

A_{1540}——波数在 $1540cm^{-1}$ 处特征峰的峰面积；

$IMEC_L$——积分摩尔消光系数，为 $2.22cm/\mu mol$；

$IMEC_B$——积分摩尔消光系数，为 $1.67cm/\mu mol$；

r——样品圆片的半径，cm；

w——样品圆片的质量，g。

（7）热重分析（TG）

采用瑞士 Mettler 公司的热重分析仪（TGA/SDTA851^e）对反应后的催化剂上的积炭量进行测定。称取 5~10mg 样品置于坩埚中，在空气气氛中以 $10℃/min$ 的升温速率从室温升至700℃，得到 TG 曲线。

（8）电感耦合等离子发射光谱（ICP-AES）

采用美国 Thermo Electron 公司的电感耦合等离子发射光谱仪（ICAP6300）测定催化剂中的铈含量。制样过程如下：准确称取 0.05g 样品，置于 50mL 离心管中，加入 20mL 去离子水，将离心管置于磁力搅拌器上进行搅拌。然后，向离心管中依次加入 4mL 浓硝酸、2mL 氢氟酸和 2mL 浓硫酸。滴加结束后，待冷却至室温，加盖，继续搅拌 2h。将溶液转移至 500mL 塑料容量瓶中定容，摇匀后进行分析。

（9）红外光谱（FT-IR）

采用德国 Bruker 公司的红外光谱仪（IF113V）对催化剂进行结构分析。测试条件为：扫描频率 20kHz，扫描 32 次，扫描范围为 $600~4000cm^{-1}$。

采用德国 Bruker 公司的红外光谱仪（IF113V）来分析催化剂的表面羟基。称取 15~20mg 样品压成直径为 10mm 的圆片并装入原位池中。以 $10℃/min$ 的升温速率将原位池温度升至 400℃ 并保持 3h，同时进行抽真空预处理。预处理结束后，待原位池温度降至室温，扫描红外谱图。

（10）X 射线光电子能谱（XPS）

采用美国 VG 公司的 X 射线光电子能谱仪（ESCLAB MK-Ⅱ）来分析催化剂表面的铈元素的化学状态。测试条件为：Al Kα（1486.6eV，10.1kV）。

4.4　催化剂催化性能的评价

甲醇与丁烯耦合反应流程图见图 4-6。甲醇与丁烯耦合制丙烯在固定床反应器中进行。反应管内径为 10mm，长度为 90cm。将一定量的催化剂（40~60目）装填到反应管中，催化剂床层上装填一定量的石英砂。以高纯氮气作载气，待催化剂床层温度升至反应温度后开始进料。甲醇经汽化进入混合器中，丁烯直接通入混合器中。甲醇、丁烯和氮气的混合气体进入固定床反应器，在分子筛催化剂上生成乙烯、丙烯等低碳烯烃和其他副产物。反应产物用气相色谱（GC2060 型）进行在线分析。气相色谱采用 FID 和 TCD 双检测器。FID 检测甲烷、乙烯、乙烷、丙烯、丙烷、丁烯、丁烷及 C_{5^+} 组分，色谱柱为 KB-Al$_2$O$_3$/Na$_2$SO$_4$（50m×0.32mm×15μm）毛细管柱；TCD 检测甲醇，色谱柱为 GDX-103 填充柱。为了避免由于产物中高沸点烃类冷凝而造成出口气路的堵塞，对反应管出口至气相色谱之间的所有管线和阀门需进行加热保温，温度控制在 120℃。

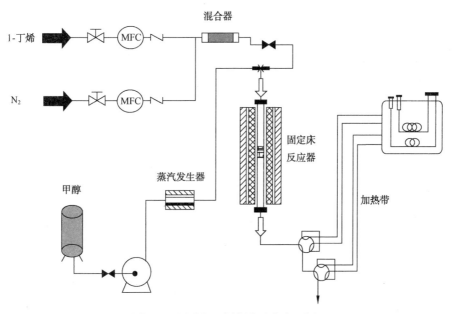

图 4-6　甲醇与丁烯耦合反应流程图

基于碳数守恒原理和面积归一化法，采用式（4-3）~式（4-6）对甲醇转化率（X_{MeOH}）、丁烯转化率（$X_{\mathrm{C_4H_8}}$）、产物的选择性（S_i）和收率（Y_i）进行计算：

$$Methanol\ conv.\ (X_{\mathrm{MeOH}}) = \frac{Methanol_{\mathrm{conversed}}}{Methanol_{\mathrm{feed}}} \times 100\% \qquad (4-3)$$

$$Butylene\ conv.\ (X_{\mathrm{C_4H_8}}) = \frac{Butylene_{\mathrm{conversed}}}{Butylene_{\mathrm{feed}}} \times 100\% \qquad (4-4)$$

$$Product_i sele. \ (S_i) = \frac{Product_i}{\sum\limits_i Product_i} \times 100\% \qquad (4-5)$$

$$Product_i yield. \ (Y_i) = [n \times X_{MeOH} + (1-n) \times X_{C_4H_8}] \times S_i \times 100\% \qquad (4-6)$$

式中 n——原料中甲醇的碳数与原料总碳数的比；

$Butylene_{conversed}$——产物中的 1-丁烯、顺-2-丁烯、反-2-丁烯和异丁烯的总量。

5 HZSM-5分子筛上甲醇与丁烯耦合制丙烯反应

HZSM-5 分子筛的晶粒尺寸和形貌对其催化性能有重要影响。到目前为止，已有大量文献报道将纳米 HZSM-5 分子筛应用于甲醇制丙烯和碳四烯烃裂解制丙烯反应中，研究结果表明，与微米 HZSM-5分子筛相比，纳米 HZSM-5 分子筛具有更高的丙烯收率、抗积炭性能和水热稳定性。本章采用水热合成法制备了具有不同晶粒尺寸、形貌和硅铝比的 HZSM-5 分子筛，研究其结构、织构、酸中心分布等性质和甲醇与丁烯耦合制丙烯反应性能，探讨HZSM-5分子筛制备条件与其形貌和催化性能之间的关系。

5.1　HZSM-5 分子筛的物化性质

HZSM-5 分子筛催化剂的 XRD 谱图见图 5-1。NZ-1、NZ-2、NZ-3 和 MZ 均在 $2\theta=7.8°$、$8.7°$、$22.9°$、$23.8°$、$24.2°$ 处检测到归属于 MFI 晶型结构的特征峰，说明在不同的条件下均成功合成出 HZSM-5 分子筛。与其他三个样品相比，NZ-2 的衍射峰有明显的宽化，说明 NZ-2 的晶粒较小。假设 MZ 的结晶度为 100%，并以 MZ 为基准，计算了其他样品的相对结晶度，结果列于表 5-1。在所有样品中 NZ-2 的相对结晶度最低。我们知道物质的结晶情况直接影响其衍射峰的形状和强度。结晶完整的晶体一般粒径较大，内部质点排列规律性好，衍射峰尖锐且强度较高。结晶较差的晶体一般粒径小，晶体中缺陷较多，导致衍射峰变宽。分子筛的结晶度越差，衍射峰越宽。NZ-2 的相对结晶度较低，主要是因为在 NZ-2 的合成中，采用较低的晶化温度（90℃），显著降低分子筛的结晶速度并抑制了晶粒长大。

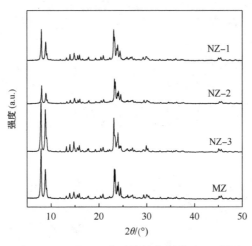

图 5-1　HZSM-5 分子筛催化剂的 XRD 谱图

图 5-2 是 HZSM-5 分子筛催化剂的 SEM 图。可以看出，在不同条件下合成的 HZSM-5 分子筛具有不同的形貌特征。NZ-1 为 20~70nm 的球形颗粒，颗粒之间的团聚较为严重。NZ-2 为由约 30nm 的球形颗粒聚集形成了尺寸约 200nm 的椭球体，椭球体表面粗糙，与菜花表面类似。NZ-3 为具有光滑表面的短柱体颗粒，晶粒尺寸均一，约为 200nm。MZ 为长方体颗粒，粒径大于 2μm。

为进一步了解 NZ-2 中纳米颗粒的堆积情况，对其进行 TEM 表征，结果见图 5-3。NZ-2 是由初级晶粒经有序堆积而形成的实心椭球体，其特殊形貌与其低温、常压的晶化条件有关。Aguado 等发现在低温、常压下进行 HZSM-5 分子筛的晶化可以得到具有类似菜花形貌特征的分子筛颗粒。

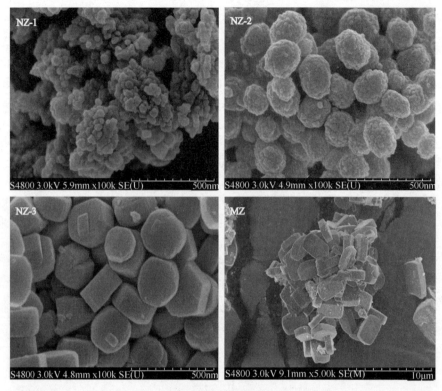

图 5-2　HZSM-5 分子筛催化剂的 SEM 图

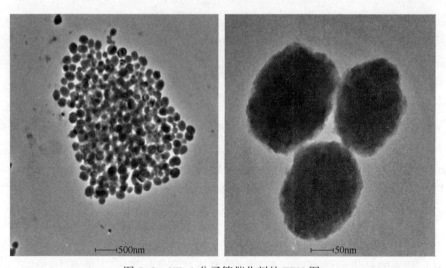

图 5-3　NZ-2 分子筛催化剂的 TEM 图

HZSM-5 分子筛催化剂的氮气吸附-脱附等温线图见图 5-4。MZ 的吸附等温线为 I 型，说明 MZ 中的孔道主要为微孔。NZ-1、NZ-2 和 NZ-3 的吸附等温线为IV型，在等温线的中间段均出现了明显的回滞环，其对应的是多孔材料上出现的毛细凝聚现象，说明在 NZ-1、NZ-2 和 NZ-3 中均存在一定数量的介孔。这是因为 NZ-1 和 NZ-2 的晶粒尺寸小于 100nm，这些纳米晶粒之间的团聚导致了大量晶间介孔的形成，而 NZ-3 的粒径较大，晶粒之间的堆叠也会导致部分堆叠介孔的生成。

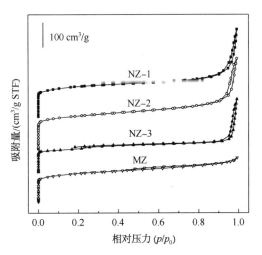

图 5-4　HZSM-5 分子筛催化剂的氮气等温吸附-脱附图

HZSM-5 分子筛催化剂的织构性质列于表 5-1。NZ-1、NZ-2、NZ-3 和 MZ 的微孔体积(V_{micro})比较接近，而其总孔体积(V_{total})和比表面积(S_{BET})差别较大。相比于微米尺寸的催化剂 MZ，纳米尺寸的 NZ-1、NZ-2、NZ-3 催化剂具有较高的比表面积和孔体积，其中 NZ-2 的比表面积和孔体积最大，分别为 493m²/g 和 0.55cm³/g。这是因为在 NZ-1、NZ-2、NZ-3 中形成了一定数量的二次孔道，从而导致了催化剂总孔体积增加。

表 5-1　HZSM-5 分子筛催化剂的相对结晶度及织构性质

催化剂	相对结晶度/%	S_{BET}/(m²/g)	V_{total}/(cm³/g)	V_{micro}/(cm³/g)
NZ-1	92	437	0.51	0.14
NZ-2	78	493	0.55	0.15
NZ-3	97	371	0.43	0.13
MZ	100	335	0.27	0.14

采用NH₃-TPD对HZSM-5分子筛催化剂的酸性进行了表征。图5-5为HZSM-5分子筛催化剂的NH₃-TPD谱图。NZ-1、NZ-2、NZ-3、NZ-3(240)和MZ的NH₃-TPD谱图上均出现三个NH₃脱附峰,位于110~140℃、180~250℃、350~450℃之间,分别代表了弱酸、中强酸和强酸中心。NH₃脱附峰的峰温可以表示催化剂上酸中心的强度。与其他四个催化剂相比,NZ-1的强酸峰的峰温较高,说明NZ-1具有较强的强酸中心,一般认为当NH₃脱附峰的峰温高于440℃时,只有B酸中心存在,因此推测催化剂NZ-1具有较多的B酸中心。

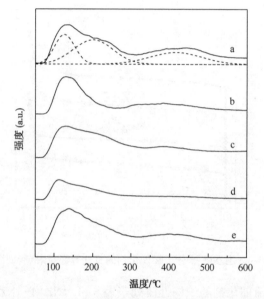

图5-5　HZSM-5分子筛催化剂的NH₃-TPD谱图
a—NZ-1; b—NZ-2; c—NZ-3; d—NZ-3(240); e—MZ

按50~150℃、150~350℃、>350℃温度范围对各催化剂的NH₃-TPD谱图进行分峰拟合,积分峰面积分别表示催化剂上弱酸、中强酸和强酸中心的酸量,结果列于表5-2。NZ-1的弱酸、中强酸和强酸的酸量均大于其他四个催化剂。通过比较NZ-3和NZ-3(240)的NH₃-TPD谱图和酸中心分布,发现HZSM-5分子筛催化剂上的酸中心的数量和强度随着其硅铝比的升高而下降。

表5-2　HZSM-5分子筛催化剂的表面酸中心分布

催化剂	酸中心的浓度/(a. u. /g)			
	弱酸(50~150℃)	中强酸(150~350℃)	强酸(>350℃)	总酸
NZ-1	179	283	222	684
NZ-2	120	163	215	498

催化剂	酸中心的浓度/(a.u./g)			
	弱酸(50~150℃)	中强酸(150~350℃)	强酸(>350℃)	总酸
NZ-3	118	257	133	508
NZ-3(240)	42	101	52	201
MZ	153	242	139	534

采用吡啶吸附红外光谱对 NZ-1、NZ-2、NZ-3 和 MZ 催化剂上酸中心的类型进行表征。样品在室温下吸附吡啶后,分别在 150℃ 和 350℃ 下脱附后采集谱图,结果如图 5-6 所示。根据文献报道可知,1540cm⁻¹ 归属于吡啶离子(即 B 酸中心)的吸收峰,1454cm⁻¹ 归属于与 L 酸中心配位的吡啶的吸收峰,1490cm⁻¹ 是由 L 酸和 B 酸中心共同吸附吡啶产生的吸收峰。从图 5-6 可以看出,各催化剂在 1454cm⁻¹、1490cm⁻¹ 和 1540cm⁻¹ 处均出现吸收峰。说明 NZ-1、NZ-2、NZ-3 和 MZ 上同时存在 L 酸和 B 酸中心。

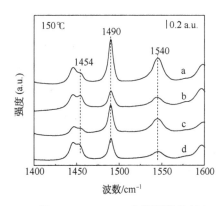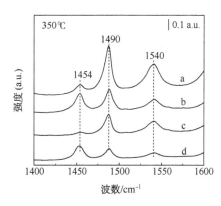

图 5-6　HZSM-5 分子筛催化剂在 150℃ 和 350℃ 下脱附吡啶后的 Py-IR 谱图

a—NZ-1;b—NZ-2;c—NZ-3;d—MZ

根据 Py-IR 谱图对各催化剂上 L 酸和 B 酸中心浓度进行了计算,结果列于表 5-3。用 150℃ 和 350℃ 之间脱附的吡啶来表示弱酸和中强酸中心浓度,350℃ 下未脱附的吡啶表示强酸中心浓度。可以看出,B 酸中心浓度按照 NZ-1>NZ-3>NZ-2>MZ 的顺序递减,而 L 酸中心浓度按照 MZ>NZ-2>NZ-1>NZ-3 的顺序递减。结合 NH₃-TPD 和 Py-IR 表征结果可知,HZSM-5 分子筛的酸中心类型和分布与其合成条件密切相关。

表5-3 HZSM-5分子筛催化剂的B和L酸中心浓度

催化剂	B酸中心浓度/(μmol/g)			L酸中心浓度/(μmol/g)			B/L
	弱酸和中强酸	强酸	总酸	弱酸和中强酸	强酸	总酸	
NZ-1	77	64	141	31	25	56	2.52
NZ-2	42	27	69	47	34	81	0.85
NZ-3	48	35	83	37	13	50	1.66
MZ	37	16	53	80	31	111	0.48

5.2 HZSM-5分子筛的反应性能

在反应温度550℃、压力0.1MPa、空时2.6$g_{cat}\cdot h/mol_{CH_2}$、甲醇与丁烯摩尔比为0.3的反应条件下，考察了不同条件下制备的HZSM-5分子筛催化剂上的甲醇与丁烯耦合制丙烯性能，结果如表5-4所示。

各催化剂上甲醇转化率均为100%，而丁烯转化率有所不同。与MZ相比，NZ-1、NZ-2、NZ-3、NZ-3(240)催化剂上的丁烯转化率均较高，其中NZ-1上的丁烯转化率最高，达到80.5%，同时纳米HZSM-5分子筛上的丙烯选择性和收率均高于MZ，这些结果说明减小HZSM-5分子筛的颗粒尺寸有利于提高其在甲醇与丁烯耦合制丙烯中的反应性能。一般认为分子筛的B酸和L酸中心均可以催化丁烯的转化，NZ-1具有最高的总酸中心浓度，因此NZ-1催化剂上的丁烯转化率最高。

通过对比表5-4中NZ-3和NZ-3(240)的反应结果，发现随着硅铝比的增加，催化剂上的丁烯转化率降低。这是因为随着硅铝比的增加，催化剂上的酸中心浓度和强度均下降，从而导致丁烯转化率下降。与NZ-3相比，NZ-3(240)上的乙烯、丙烯的选择性较低，C_{5+}组分的选择性较高。这是因为NZ-3(240)的酸性过低，不利于C_{5+}组分裂解生成乙烯、丙烯，导致乙烯、丙烯的选择性下降。由此可知，以硅铝比较高的HZSM-5分子筛为催化剂，将不利于提高甲醇与丁烯耦合反应中乙烯、丙烯的选择性和收率。

表5-4 HZSM-5分子筛催化剂上的甲醇与丁烯耦合制丙烯中的催化性能

物质	NZ-1	NZ-2	NZ-3	NZ-3(240)	MZ
转化率/%					
甲醇	100	100	100	100	100
丁烯	80.5	74.0	71.3	54.3	62.2

物质	NZ-1	NZ-2	NZ-3	NZ-3(240)	MZ
选择性/%					
CH_4	0.8	0.6	0.6	0.3	0.4
C_2H_4	12.5	11.5	5.7	4.1	10.6
C_2H_6	1.5	0.2	0.2	0.1	0.8
C_3H_6	32.4	52.8	43.4	39.7	26.5
C_3H_8	12.0	3.3	2.8	0.6	9.8
C_4H_{10}	16.8	14.2	11.8	12.4	16.2
C_{5+}	24.0	17.4	35.5	42.9	35.7
收率/%					
C_2H_4	10.6	9.2	4.4	2.4	7.5
C_3H_6	27.5	42.2	33.8	22.8	18.8

注：反应条件为 $T=550℃$，$p=0.1MPa$，空时 $=2.6g_{cat}\cdot h/mol_{CH_2}$，$n_{methanol}/n_{butylene}=0.3$，$TOS=3h$。

NZ-1、NZ-2、NZ-3 和 MZ 催化剂上的丁烯转化率与产物选择性随反应时间的变化如图 5-7 所示。在所研究的反应时间内，各催化剂上的甲醇转化率均保持在 100%。随着反应的进行，NZ-1、NZ-2、NZ-3 和 MZ 催化剂上的丁烯转化率的变化趋势有着明显的差异，其中 MZ 上的丁烯转化率下降速度最快。在反应进行 13h 后，其丁烯转化率由 70.6% 下降至 36.7%，下降了 33.9 个百分点。与 MZ 相比，其余三个催化剂上的丁烯转化率下降速度较慢，其中催化剂 NZ-3 的稳定性最好。在反应进行 30h 后，NZ-3 上的丁烯转化率由 76.4% 下降至 67.3%，仅下降了 9.1%。

随着反应时间的延长，NZ-1、NZ-2、NZ-3 和 MZ 催化剂上的乙烯选择性不断降低，丙烯选择性呈现不同的变化趋势。NZ-1 和 NZ-2 上的丙烯选择性随反应时间的增加先上升后下降。在相同的时间点下，NZ-2 比 NZ-1 的丙烯选择性高。与 NZ-1 和 NZ-2 相比，NZ-3 上的丙烯选择性下降较为平缓。在前 25h 的反应时间内，NZ-3 上的丙烯选择性基本稳定在 39% 左右，进一步增加反应时间，丙烯选择性略有下降。而 MZ 上的丙烯选择性随着反应的进行呈快速下降的趋势，在反应了 13h 后，其丙烯选择性从 33.9% 下降到 9.8%。此外，随着反应的进行，催化剂上甲烷的选择性上升，$C_2 \sim C_4$ 烷烃总选择性逐渐降低，C_{5+} 组分的选择性逐渐增加。

以上结果表明，HZSM-5 分子筛的形貌和晶粒尺寸对其在甲醇与丁烯耦合制丙烯中的反应性能和稳定性有较大影响。根据反应结果可知，纳米 HZSM-5 分子

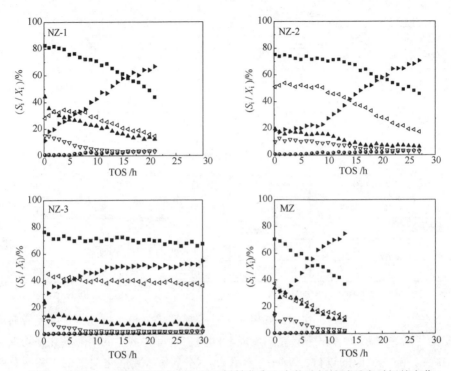

图 5-7 HZSM-5 分子筛催化剂上的丁烯转化率和产物选择性随反应时间的变化

注：反应条件为 $T = 550℃$，$p = 0.1MPa$，空时 $= 2.6g_{cat} \cdot h/mol_{CH_2}$，$n_{methanol}/n_{butylene} = 0.3$

■—$X_{C_4H_8}$； ●—S_{CH_4}； ▲—$S_{C_2 \sim C_4烷烃}$； ▽—$S_{C_2H_4}$； ◁—$S_{C_3H_6}$； ▶—$S_{C_{5+}}$

筛比微米 HZSM-5 分子筛有着更好的活性和稳定性。这是由于纳米分子筛具有较大的外表面积和较多的孔口，使更多的活性中心得到暴露，提高了分子筛的催化效率。并且纳米分子筛孔道较短，更有利于产物的扩散，从而有效地减少深度反应、降低结焦失活、提高了催化剂的稳定性。另一方面，HZSM-5 分子筛的形貌对其稳定性也有重要影响。NZ-1 和 NZ-2 晶粒过小，晶粒之间的团聚较为严重，一定程度上抑制了产物的扩散，影响了催化剂的稳定性。相比之下，NZ-3 虽然粒径较大，但是其晶粒结晶度高，颗粒表面光滑，分散均匀，有利于反应中间产物的扩散，因此在甲醇与丁烯耦合反应中稳定性最高。

将催化剂 NZ-1、NZ-2、NZ-3 和 MZ 在 550℃、0.1MPa、空时 2.6$g_{cat} \cdot h/mol_{CH_2}$、甲醇与丁烯摩尔比为 0.3 的反应条件下分别反应 21h、27h、56h 和 13h，对反应后的催化剂进行热重分析，结果见图 5-8。反应后催化剂上的积炭量有明显差异，其中 MZ 上的积炭量最低，为 61.2mg/g_{cat}。相比之下，反应后 NZ-1、NZ-2 和 NZ-3 上的积炭量均高于

MZ。根据催化剂的稳定性研究可知，反应结束时 NZ-1、NZ-2、NZ-3 和 MZ 上的丁烯转化率均在 40% 左右，说明各催化剂的末期活性较为接近，在反应结束时各催化剂上剩余的活性中心数量相当。将单位时间单位质量催化剂上的积炭量定义为催化剂的平均积炭速率。经过计算得到 NZ-1、NZ-2 和 NZ-3 上的平均积炭速率分别为 7.1mg/（g_{cat}·h）、5.2mg/（g_{cat}·h）和 3.3mg/（g_{cat}·h）。研究表明，催化剂上的积炭与其酸中心的强度和分布密切相关，强酸中心是积炭产生的主要活性中心。根据之前的表征结果可知，NZ-1 上的酸中心浓度和强度均较高，尤其是其强酸中心的浓度和强度均高于 NZ-2 和 NZ-3，因此催化剂 NZ-1 在甲醇与丁烯耦合反应中的积炭速率较高。

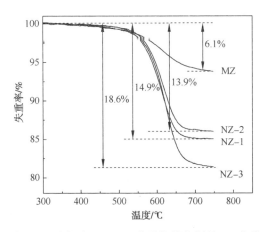

图 5-8　反应后 HZSM-5 分子筛催化剂的 TG 曲线

目前较为一致的观点认为，分子筛上的积炭有两种方式：积炭覆盖分子筛上的酸中心或堵塞孔道。对于微米尺寸的 MZ，虽然反应后催化剂上的积炭量较低，但是其失活较快。由此推断，MZ 上的失活主要是由于孔道堵塞而造成的。这部分积炭阻碍了反应物分子进入催化剂孔道，尽管其孔道内仍存在一定数量的酸中心，但是反应物无法与之接触，从而导致催化剂的失活。与 MZ 相比，NZ-1、NZ-2 及 NZ-3 的晶粒小，孔道较短，孔口较多，孔道不易被积炭完全堵塞。在积炭量相同时，小晶粒的 HZSM-5 分子筛催化剂上的可接近酸中心多，容碳能力较强，因此稳定性较好。

5.3　HZSM-5 分子筛合成条件对其形貌的影响

以上研究结果表明，HZSM-5 分子筛的形貌和晶粒尺寸对其催化性能有重要影响，而 HZSM-5 分子筛的形貌和晶粒尺寸与合成方法、原料组成(包括硅、铝源种类及比例、模板剂用量等)、晶化条件(温度、压力等)等因素密切相关。NZ-1、NZ-2、NZ-3 和 MZ 分子筛催化剂的合成条件和形貌特征见表 5-5。

表 5-5　HZSM-5 分子筛催化剂的合成条件和形貌特征

催化剂	Na^+[①]	F^-[②]	$TPAOH/Al_2O_3$	$T/℃$	p	晶化时间/h	D/nm[③]	晶粒是否团聚
NZ-1	—	—	23	170	自生压力	48	20~70	是
NZ-2	—	—	12	90	常压	90	30	是
NZ-3	是	—	12.5	170	自生压力	48	200	否
MZ	—	是	12	170	自生压力	120	200~3000	否

① 是否添加 Na^+;

② 是否添加 F^-;

③ 根据 SEM 图测量晶粒尺寸。

在 NZ-1 的合成中，TPAOH 的用量最大。一般认为提高合成体系的碱度，有利于得到纳米尺寸的 HZSM-5 分子筛。这是因为较高的碱度有利于硅铝凝胶解聚并形成更多晶核，使晶体的成核速率高于其生长速率，从而得到纳米尺寸的分子筛晶粒。而采用增加 TPAOH 用量、提高碱用量、减少水量等方法均可以达到提高碱度的目的，其中提高 TPAOH 用量对降低分子筛粒度的效果最为显著。Van Grieken 等发现延长老化时间、增加模板剂用量有利于得到纳米 HZSM-5 分子筛。NZ-2 采用低温(90℃)、常压的晶化条件。较低的晶化温度能抑制晶粒长大，有利于得到纳米 HZSM-5 分子筛。Persson 等发现降低晶化温度有助于降低分子筛的晶粒尺寸。当晶化温度从 98℃ 下降到 80℃ 时，Silicalite-1 分子筛的粒径从 95nm 下降到 79nm。王中南等也发现降低晶化温度有利于得到小晶粒 HZSM-5 分子筛，当晶化温度在 100~120℃ 时，可以得到小于 100nm 的分子筛晶粒。与 NZ-1 和 NZ-2 相比，NZ-3 的晶粒尺寸较大，结晶度高。在 NZ-3 的晶化过程中，Na^+ 的引入起到了很好的电荷平衡作用，加速了分子筛晶化，有利于得到结晶度较高的分子筛。此外，在 MZ 的制备过程中加入了 HF 并延长了晶化时间。HF 的加入导致分子筛合成体系碱度降低，同时 F^- 的引入促进分子筛晶体的生长。

上述分析表明，通过控制 HZSM-5 分子筛的合成条件，使分子筛的生核速率高于晶体的生长速率，有利于得到纳米 HZSM-5 分子筛。选择合适的硅铝源，提高合成体系的碱度、增加模板剂用量、降低晶化温度等均有利于得到纳米沸石分子筛。

6 铈改性HZSM-5分子筛上甲醇与丁烯耦合制丙烯反应

由于稀土元素独特的 4f 电子层结构，使其在化学反应过程中表现出良好的助催化性能与功效，因此被广泛应用于炼油和石油化工催化剂。已有研究表明，La、Ce 等稀土元素改性的 HZSM-5 分子筛在碳四烃裂解和甲醇转化反应中表现出较好的催化性能，乙烯、丙烯收率较高且具有良好的稳定性。本章研究铈改性对 HZSM-5 分子筛的结构、织构、酸性及其甲醇与丁烯耦合制丙烯反应性能的影响，探讨 Ce/NZ 分子筛催化剂在甲醇与丁烯耦合制丙烯反应中的构-效关系。

6.1 铈改性 HZSM-5 分子筛的物化性质

Ce/NZ 分子筛催化剂的 XRD 谱图见图 6-1。在所考察的催化剂上均检测到归属于 MFI 晶型结构的特征峰($2\theta = 7.8°$、$8.7°$、$22.9°$、$23.8°$、$24.2°$)。Ce/NZ 催化剂的衍射峰强度较未改性的 NZ 有所下降。随着铈负载量的增加,Ce/NZ 的衍射峰强度逐渐降低,可能是因为铈物种在催化剂表面覆盖度增加,从而导致催化剂的衍射峰强度下降。在改性后的 0.8Ce/NZ 和 2.5Ce/NZ 上没有检测到归属于铈物种的特征衍射峰,说明当铈负载量低于 2.5% 时,铈物种在催化剂表面呈高度分散的状态。而在 5Ce/NZ 和 7Ce/NZ 上均检测到了归属于 CeO_2 的特征衍射峰($2\theta = 28.4°$、$32.8°$、$47.4°$、$56.2°$),并且 7Ce/NZ 上 CeO_2 的衍射峰强度较 5Ce/NZ 有所增强。这是因为当负载量较大时,铈物种在催化剂上超过了其单层分散阈值,从而聚集成较大的晶体颗粒存在于催化剂的表面。

此外,Ce/NZ 催化剂在 23.8° 和 24.2° 附近的衍射峰随着铈负载量的增加逐渐向低角度方向偏移,说明铈物种与 HZSM-5 分子筛骨架发生相互作用,并且这种相互作用随着铈负载量的增加而增强。

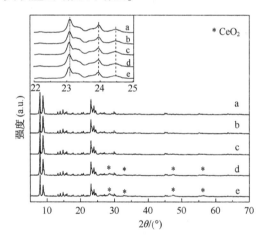

图 6-1 Ce/NZ 分子筛催化剂的 XRD 谱图
a—NZ; b—0.8Ce/NZ; c—2.5Ce/NZ; d—5Ce/NZ; e—7Ce/NZ

Ce/NZ 分子筛催化剂的织构性质列于表 6-1。改性后 Ce/NZ 催化剂的比表面积(S_{BET})和孔体积(V_{pore})均下降。随着铈负载量的增加,其降低幅度增加。说明铈物种分布于 HZSM-5 分子筛催化剂的外表面或存在于其孔道中,导致催化剂的比表面积和孔体积减小。

表 6-1　Ce/NZ 分子筛催化剂中的铈含量及其织构性质

催化剂	Ce 含量/%	$S_{BET}/(m^2/g)$	$V_{pore}/(cm^3/g)$	$V_{micro}/(cm^3/g)$
NZ	—	371	0.43	0.13
0.8Ce/NZ	0.75	367	0.41	0.09
2.5Ce/NZ	2.12	349	0.30	0.08
5Ce/NZ	4.84	329	0.22	0.07
7Ce/NZ	6.51	302	0.20	0.06

　　采用 ICP-AES 测定 Ce/NZ 催化剂中的铈含量，结果列于表 6-1。各催化剂上的铈含量均低于其制备过程中计算的理论负载量。为进一步了解 Ce/NZ 催化剂表面元素的化学状态信息，对 Ce/NZ 催化剂进行 XPS 表征结果如图 6-2 所示。谱图中的 Ce 3d、O 1s、C 1s、Si 2p 和 Al 2p 的电子结合能范围分别为 875～920eV、524～536eV、280～288eV、96～108eV 和 68～80eV。可以看出，不同铈负载量的 Ce/NZ 催化剂的 XPS 谱图最大的区别在于 Ce 3d 的谱峰。

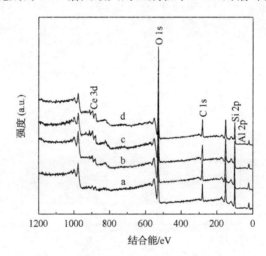

图 6-2　Ce/NZ 分子筛催化剂的 XPS 谱图

a—0.8Ce/NZ；b—2.5Ce/NZ；c—5Ce/NZ；d—7Ce/NZ

　　图 6-3 是 Ce/NZ 分子筛催化剂的 Ce 3d XPS 谱图。不同铈负载量的 Ce/NZ 催化剂的 Ce 3d 电子能级均由两组系列峰组成（$3d_{5/2}$ 和 $3d_{3/2}$）。v_0、v_1、v_2、v_0'、v_1' 和 v_2' 六个峰归属于 Ce^{4+} 中的 4f 电子终态能级占有。u_0 和 u_0' 两个峰归属于 Ce^{3+} 中的 4f 电子终态能级占有。由图可知，在不同铈负载量的 Ce/NZ 催化剂上同时存在 Ce^{3+} 和 Ce^{4+}。对 Ce/NZ 催化剂的 XPS 谱图进行分峰拟合，根据峰面积计算了

Ce³⁺和Ce⁴⁺物种的比(Ce³⁺/Ce⁴⁺),结果列于表6-2。可以看出,随着铈负载量的增加,Ce/NZ催化剂上Ce³⁺/Ce⁴⁺的比先上升后下降。铈负载量为2.5%的2.5Ce/NZ催化剂上Ce³⁺/Ce⁴⁺的比最高。

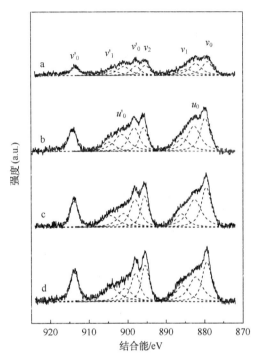

图6-3 Ce/NZ分子筛催化剂的Ce 3d XPS谱图

a—0.8Ce/NZ;b—2.5Ce/NZ;c—5Ce/NZ;d—7Ce/NZ

表6-2 Ce/NZ分子筛催化剂上分峰对应的能级和Ce³⁺物种与Ce⁴⁺物种的比

催化剂	u_0/eV	u_0'/eV	v_0/eV	v_1/eV	v_2/eV	v_0'/eV	v_1'/eV	v_2'/eV	Ce³⁺/Ce⁴⁺[①]
0.8Ce/NZ	882.2	901.0	879.2	884.5	895.3	897.8	904.0	913.6	0.44
2.5Ce/NZ	882.7	901.5	879.8	885.6	895.8	898.3	904.8	914.3	0.46
5Ce/NZ	882.6	901.0	879.5	886.0	895.6	898.1	904.4	913.9	0.38
7Ce/NZ	882.4	900.6	879.5	885.8	895.4	898.0	904.3	913.8	0.32

① Ce³⁺物种与5Ce⁴⁺物种的比例。

HZSM-5分子筛的酸性与其表面结构羟基密切相关。红外光谱是研究分子筛表面羟基的有效方法之一。在HZSM-5分子筛的红外谱图中,吸附的水分子和表面结构羟基出现在同一波数范围内(3200~3800cm⁻¹),这将导致分子筛上表面羟基的识别困难。我们将不同铈负载量的 Ce/NZ 分子筛催化剂于 400℃抽真空处理 3h，然后对其进行红外谱图扫描，结果如图 6-4 所示。NZ 催化剂在 3612cm^{-1}、3685cm^{-1}和 3740cm^{-1}处有明显的吸收峰。而改性后 Ce/NZ 催化剂在 3740cm^{-1}处有明显的吸收峰，而在 3612cm^{-1}和 3685cm^{-1}处的吸收峰强度较弱，并且 Ce/NZ 催化剂上 3740cm^{-1}处的吸收峰强度随着铈负载量的增加逐渐下降。根据文献报道可知，3740cm^{-1}处的吸收峰归属于分子筛骨架上终端硅羟基 Si(OH)，3685cm^{-1}处的吸收峰归属于非骨架铝物种的羟基，3612cm^{-1}处的吸收峰对应于与四配位骨架铝相连的桥羟基 Si(OH)Al。一般认为，分子筛上的终端硅羟基Si(OH)和桥羟基 Si(OH)Al 都能提供 B 酸中心。由此推断铈改性导致催化剂上的 B 酸中心的酸量下降。

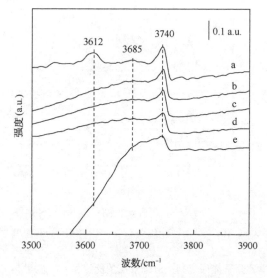

图 6-4　Ce/NZ 分子筛催化剂上羟基的 FT-IR 谱图
a—NZ；b—0.8Ce/NZ；c—2.5Ce/NZ；d—5Ce/NZ；e—7Ce/NZ

Ce/NZ 分子筛催化剂的 NH$_3$-TPD 谱图见图 6-5。在各催化剂的 NH$_3$-TPD 谱图上均出现三个 NH$_3$脱附峰，位于 130~135℃、210~230℃、370~400℃之间，分别代表了弱酸、中强酸和强酸中心。与 NZ 相比，0.8Ce/NZ 上的强酸和中强酸酸量下降，而弱酸酸量略有增加。当铈负载量大于 0.8%时，Ce/NZ 催化剂上的弱酸、中强酸和强酸中心的酸量随着铈负载量的增加均有不同程度的降低，其中强酸的酸量下降幅度最大。此外，NH$_3$脱附峰的峰温可以表示催化剂上酸中心的强度。随着铈负载量的增加，Ce/NZ 催化剂上的 NH$_3$脱附峰的峰温向低温方向移动，其中强酸中心对应的峰温向低温方向的移动最为明显。以上结果说明铈改性使催化剂上酸中心的数量和酸强度降低，其中强酸中心的酸量和酸强度的降低最为显著。

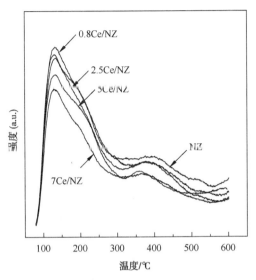

图 6-5 Ce/NZ 分子筛催化剂的 NH₃-TPD 谱图

将 Ce/NZ 分子筛催化剂在室温下吸附吡啶后，分别于 150℃和 350℃下进行脱附，然后进行红外谱图的采集，结果如图 6-6 所示。各催化剂在 1450cm⁻¹、1490cm⁻¹ 和 1545cm⁻¹ 附近出现红外吸收峰，表明 Ce/NZ 催化剂上同时存在 B 酸和 L 酸中心。与 NZ 相比，改性后的 Ce/NZ 催化剂上 1450cm⁻¹ 处的吸收峰向低波数方向移动，说明改性后的催化剂上 L 酸中心强度降低。根据 Py-IR 谱图对各催化剂上 L 酸和 B 酸中心浓度进行了计算，结果见表 6-3。

表 6-3　Ce/NZ 分子筛催化剂上 B 酸和 L 酸中心浓度

催化剂	B 酸浓度/(μmol/g)			L 酸浓度/(μmol/g)			B/L
	弱酸和中强酸	强酸	总酸	弱酸和中强酸	强酸	总酸	
NZ	58	39	97	32	15	47	2.06
0.8Ce/NZ	32	18	50	47	14	61	0.82
2.5Ce/NZ	24	13	37	65	16	81	0.46
5Ce/NZ	13	10	23	71	17	88	0.26
7Ce/NZ	11	8	19	73	19	92	0.21

在所有样品中，NZ 催化剂具有最高的 B 酸中心浓度和最低的 L 酸中心浓度。随着铈负载量的增加，Ce/NZ 催化剂上的 B 酸中心浓度逐渐降低，L 酸中心浓度增加，B 酸和 L 酸比例（B/L）降低。结果表明，铈改性不仅调变了催化剂上的酸中心浓度和强度分布，也影响了酸中心的类型。

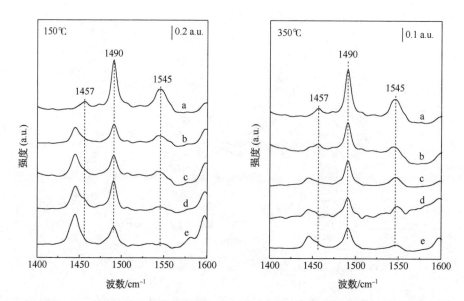

图 6-6　Ce/NZ 分子筛催化剂在 150℃和 350℃下脱附吡啶后的 Py-IR 谱图
a—NZ；b—0.8Ce/NZ；c—2.5Ce/NZ；d—5Ce/NZ；e—7Ce/NZ

6.2　铈改性 HZSM-5 分子筛的反应性能

铈负载量对 Ce/NZ 催化剂的甲醇与丁烯耦合制丙烯性能的影响见图 6-7。Ce/NZ 催化剂上的丁烯转化率随着铈负载量的增加而降低，这是因为甲醇与丁烯耦合制丙烯反应是一个酸催化反应过程，随着铈负载量增加，催化剂酸性降低，丁烯转化率下降。随着铈负载量的增加，乙烯收率单调下降，丙烯收率先上升，在铈负载量为 2.5%时，丙烯收率达到最大值 41.9%，进一步增加铈负载量，丙烯收率开始下降。

随着铈负载量增加，Ce/NZ 催化剂上的甲烷、乙烷、丙烷的选择性逐渐降低，丁烷选择性呈先下降后上升的变化趋势。乙烯、丙烯选择性随着铈负载量的增加均呈先上升后下降的变化趋势。当铈负载量达到 2.5%时，丙烯选择性达到最大值，为 52.2%。而 C_{5+} 组分的选择性随着铈负载量的增加先下降后上升。

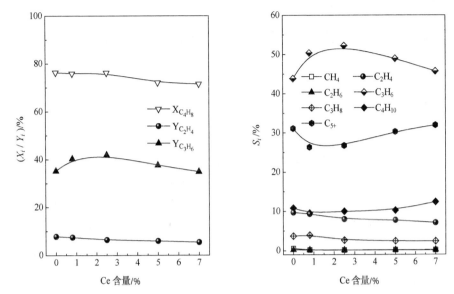

图 6-7   铈负载量对 Ce/NZ 催化剂上丁烯转化率、产物选择性和收率的影响

注：反应条件为 $T=550℃$，$p=0.1MPa$，空时 $=2.3g_{cat}\cdot h/mol_{CH_2}$，$n_{methanol}/n_{butylene}=0.8$，TOS $=3h$

铈负载量对 Ce/NZ 催化剂上产物分布的影响可以根据催化剂酸性的变化来进行解释。随着铈负载量的增加，Ce/NZ 催化剂的酸性降低，乙烯、丙烯氢转移生成乙烷、丙烷的反应受到抑制，导致乙烷、丙烷的选择性下降。而丁烷选择性的变化规律与乙烷和丙烷有所差别，这是因为催化剂酸性的降低抑制了丁烯氢转移反应生成丁烷。而另一方面，体系中未转化的丁烯浓度的升高又促进了丁烯通过氢转移反应生成丁烷。这两方面因素共同作用导致了丁烷选择性不会随着铈负载量的增加呈单调变化的规律，其变化规律取决于以上哪种因素对丁烷选择性的影响程度更大。

当铈负载量在 0.8%~2.5% 之间时，随着负载量的增加，催化剂上强酸中心的量大幅减少，而弱酸和中强酸的酸量有所增加，这有效抑制了丙烯进一步参与氢转移及芳构化等副反应，此时丙烯选择性升高，C_{5+} 组分的选择性降低。当铈负载量大于 2.5% 时，催化剂的酸中心强度和酸量均明显下降，不利于 C_{5+} 组分裂解生成乙烯和丙烯，因此，丙烯选择性下降，C_{5+} 组分的选择性上升。以上结果表明，对于甲醇与丁烯耦合制丙烯反应而言，2.5% 的铈负载量是比较合适的，即保证了有足够的酸性使 C_{5+} 组分裂解生成乙烯和丙烯，又有效地抑制了氢转移、芳构化等副反应的发生。

6.3 反应条件对 2.5Ce/NZ 反应性能的影响

催化剂 2.5Ce/NZ 在甲醇与丁烯耦合制丙烯反应中具有较好的反应活性。因此我们以 2.5Ce/NZ 为例，进一步考察了反应条件(甲醇与丁烯摩尔比、反应温度及空时)对其甲醇与丁烯耦合制丙烯性能的影响。

甲醇与丁烯的摩尔比对 2.5Ce/NZ 催化剂上丁烯转化率、产物选择性和收率的影响见图 6-8。在不同的甲醇与丁烯的摩尔比下，甲醇在 2.5Ce/NZ 上均可以完全转化。从图 6-8(a)可以看出，与单一丁烯进料过程相比，耦合反应中丁烯转化率较高，说明甲醇与丁烯在 2.5Ce/NZ 上发生了耦合反应，甲醇的加入促进了丁烯裂解。随着甲醇与丁烯摩尔比的增加，丁烯转化率先增加后降低。当甲醇与丁烯摩尔比为 1.5 时，催化剂上的丁烯转化率最高，为 77.5%。常福祥考察了HZSM-5分子筛催化剂上的甲醇与正己烷的耦合反应，发现在耦合反应中甲醇优先吸附在催化剂的酸中心上，并快速转化为表面甲氧基团，这些甲氧基团作为活性中心进一步促进了正己烷按照双分子反应机理进行转化。

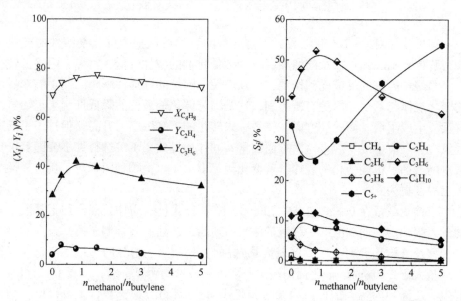

图 6-8 甲醇与丁烯摩尔比对 2.5Ce/NZ 催化剂上丁烯转化率、产物选择性和收率的影响
注：反应条件为 $T=550℃$，$p=0.1MPa$，空时 $=2.3g_{cat}\cdot h/mol_{CH_2}$，$TOS=3h$

由图 6-8(b)可以看出，与单独的丁烯裂解过程相比，甲醇与丁烯耦合反应中的乙烯和丙烯选择性均较高，说明耦合反应有利于乙烯、丙烯的生成。随着甲

醇与丁烯摩尔比的增加，乙烯和丙烯的选择性均呈先增加后降低的变化趋势。丙烯收率与其选择性的变化规律相似。随着甲醇与丁烯摩尔比的增加，2.5Ce/NZ上的丙烯收率先上升后下降，当甲醇与丁烯摩尔比为 0.8 时，丙烯收率最高，为 41.9%。Meir 等报道了在甲醇与丁烷耦合反应中，合适的甲醇与丁烷配比促进了活性中间体的生成，进一步提高了低碳烯烃的收率。以上结果表明，合适的甲醇与丁烯摩尔比有利于提高丙烯的选择性和收率。

反应温度对 2.5Ce/NZ 催化剂上的丁烯转化率、产物选择性和收率的影响见图 6-9。在所研究的温度范围内，催化剂上的甲醇转化率均为 100%。而丁烯转化率随着反应温度的升高而增加。从第 2 章的热力学研究结果可知，较高的温度有利于丁烯裂解反应的进行。

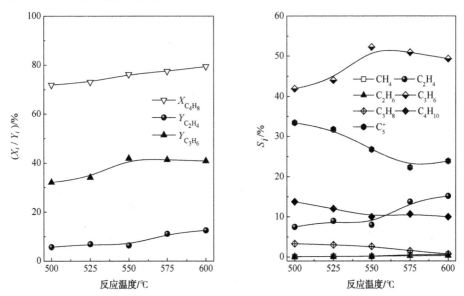

图 6-9　反应温度对 2.5Ce/NZ 催化剂上丁烯转化率、产物选择性和收率的影响

注：反应条件为 $p = 0.1\text{MPa}$，空时 $= 2.3\text{g}_{cat} \cdot \text{h}/\text{mol}_{\text{CH}_2}$，$n_{\text{methanol}}/n_{\text{butylene}} = 0.8$，TOS $= 3\text{h}$

从图 6-9(b)可以看出，随着反应温度的上升，2.5Ce/NZ 催化剂上的乙烯选择性逐渐升高，丙烯选择性先上升后降低，说明在较高的反应温度下，丙烯发生聚合、烷基化及积炭等反应进一步转化为次级产物。根据热力学计算结果可知，较高的反应温度会抑制氢转移反应的进行，因此乙烷、丙烷、丁烷的选择性随着反应温度的上升而下降。随着反应温度的升高，C_{5+} 组分的选择性先上升后下降。这是因为较高的反应温度有利于 C_{5+} 组分的裂解，但是当反应温度过高时，又促进了丙烯发生芳构化、缩合等二次反应，导致 C_{5+} 组分的选择性上升。

在 550℃，0.1MPa，甲醇与丁烯摩尔比为 0.8 的反应条件下，考察了空时对 2.5Ce/NZ 催化剂上的丁烯转化率、产物选择性和收率的影响，结果如图 6-10 所示。在不同的空时下，催化剂上的甲醇转化率均达到 100%，而丁烯转化率随着空时的增大而上升。随着空时的增加，丙烷选择性上升，丁烷选择性变化较小，C_{5+} 组分的选择性下降。随着空时增加，催化剂的丙烯选择性和收率均呈先升高后降低的变化趋势。当空时为 $2.3g_{cat} \cdot h/mol_{CH_2}$ 时，丙烯收率达到最大值。

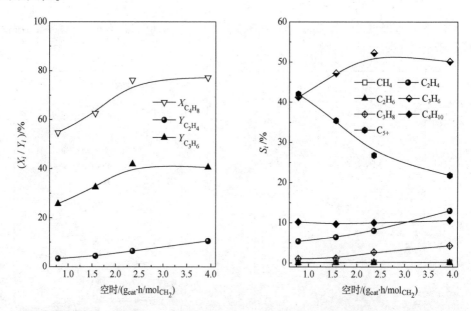

图 6-10　空时对 2.5Ce/NZ 分子筛催化剂上丁烯转化率、产物选择性和收率的影响
注：反应条件为 T＝550℃，p＝0.1MPa，$n_{methanol}/n_{butylene}$＝0.8，TOS＝3h

6.4　铈改性 HZSM-5 分子筛的稳定性

在优化的反应条件（550℃、0.1MPa、空时为 $2.3g_{cat} \cdot h/mol_{CH_2}$、甲醇与丁烯摩尔比为 0.8）下，考察了催化剂 NZ、2.5Ce/NZ 及 7Ce/NZ 在甲醇与丁烯耦合反应中的稳定性，结果如图 6-11 所示。NZ、2.5Ce/NZ 及 7Ce/NZ 上的初始甲醇转化率均为 100%，在分别反应了 32h、34h 和 24h 后，各催化剂上的甲醇转化率开始下降，反应结束时 NZ、2.5Ce/NZ 及 7Ce/NZ 上的甲醇转化率分别为 82.1%、86.4% 和 77.9%。而各催化剂上的丁烯转化率随着反应时间的延长均呈降低趋

势。当反应进行 50h 后，NZ 上的丁烯转化率由 79.9% 下降至 51.4%，下降了 28.5%；而 2.5Ce/NZ 上的丁烯转化率由 76.8% 下降至 57.7%，下降了 19.1%。可以看出，2.5Ce/NZ 上丁烯转化率的下降速率较 NZ 有所减缓。与 NZ 和 2.5Ce/NZ 相比，催化剂 7Ce/NZ 上的丁烯转化率较低。在 50h 的反应时间内，7Ce/NZ 上的丁烯转化率从 71.2% 下降至 41.7%，下降了 29.5%。由图 6-11（b）可知，在 50h 的反应时间内，2.5Ce/NZ 较 NZ 有着较高的丙烯收率。以上结果说明，适量铈改性可以提高 HZSM-5 分子筛在甲醇与丁烯耦合制丙烯反应中的稳定性。

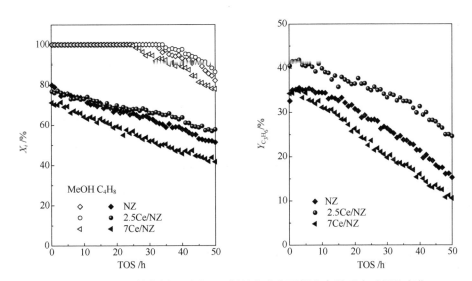

图 6-11　Ce/NZ 催化剂上甲醇、丁烯转化率和丙烯收率随反应时间的变化

注：反应条件为 $T = 550℃$，$p = 0.1MPa$，空时 $= 2.3g_{cat} \cdot h/mol_{CH_2}$，$n_{methanol}/n_{butylene} = 0.8$

将催化剂 NZ、2.5Ce/NZ 和 7Ce/NZ 在 550℃、0.1MPa、空时 2.3$g_{cat} \cdot h/mol_{CH_2}$、甲醇与丁烯摩尔比为 0.8 的反应条件下连续反应 50h，将反应后的催化剂进行热重分析。图 6-12 为反应后催化剂的 TG 曲线。反应后 NZ、2.5Ce/NZ 和 7Ce/NZ 催化剂上的积炭量分别为 173.7mg/g_{cat}、114.2mg/g_{cat} 和 73.6mg/g_{cat}，平均积炭速率分别为 3.5$mg/(g_{cat} \cdot h)$、2.3$mg/(g_{cat} \cdot h)$ 和 1.5$mg/(g_{cat} \cdot h)$。随着铈负载量的增加，反应后 Ce/NZ 催化剂上积炭量和平均积炭速率均降低。由此可知，对 HZSM-5 分子筛催化剂进行铈改性，可以提高其在甲醇与丁烯耦合制丙烯过程中的抗积炭性能。这主要是因为铈的引入使 HZSM-5 分子筛总酸量下降，尤其是强酸中心的酸量大幅降低，从而减少了积炭的生成。

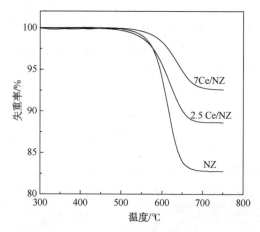

图 6-12 反应后 NZ、2.5Ce/NZ 和 7Ce/NZ 催化剂的 TG 曲线

6.5 铈改性 HZSM-5 分子筛性质对
其反应性能的影响

到目前为止，关于对 HZSM-5 分子筛催化剂进行铈改性已有一些文献报道。王跃利等采用 Ce 对 HZSM-5 分子筛进行浸渍处理，发现 Ce 改性导致催化剂比表面积下降，同时催化剂的酸强度由弱酸向中强酸方向有所移动。Bi 等发现 Ce 改性的 HZSM-5 分子筛催化剂的总酸量随着 Ce 含量的增加而降低，其中强酸和弱酸中心酸量减小程度较大，中强酸酸量减小程度较小。Hadi 等发现在 Mn/HZSM-5催化剂上引入 Ce 可以降低催化剂的总酸量，其中强酸中心的酸量下降程度最大。陶朱等研究了用稀土金属 La、Ce 和 Th 对 HZSM-5 分子筛进行改性。结果表明，在 HZSM-5 分子筛上分别引入 La^{3+}、Ce^{4+} 和 Th^{4+} 这些高价离子，会导致其表面具有较强的极化静电场，从而抑制了分子筛表面的质子迁移，使分子筛表面酸中心分布的连续性受到一定限制。在以上研究中，铈的引入对 HZSM-5 分子筛的酸性产生了不同的影响，这可能是因为催化剂制备条件的不同导致稀土离子迁入分子筛中的位置有所差别，从而导致改性后催化剂的酸性发生了不同的变化。

铈改性使 HZSM-5 分子筛催化剂的结构、织构和酸性发生明显变化。在不同铈负载量的 Ce/NZ 催化剂上同时存在着 Ce^{3+} 和 Ce^{4+} 物种。这些铈物种分布于催化剂的外表面或存在于催化剂孔道中，导致催化剂的比表面积和孔体积减小。此外，铈改性对 HZSM-5 分子筛催化剂的酸性也有重要影响。铈的引入不仅调变了催化剂上的酸中心浓度和酸强度分布，也影响了酸中心的类型。一方面，铈的引入消除了部分催化剂上来自 Si(OH)Al 和 Si(OH) 的羟基基团。一般认为，Si(OH)Al 中的羟基可以提供较强的 B 酸中心，而 Si(OH) 中的羟基可以提供强度较弱的 B 酸中心。因此，铈的引入导致催化剂上 B 酸中心浓度降低。另一方面，部分铈物种与催化剂表面的羟基基团发生相互作用，生成了新的 L 酸中心 $Ce(OH)_2^+$，导致 L 酸中心浓度增加。由此可知，铈改性不仅调变了催化剂上的酸中心浓度和酸强度分布，也影响了酸中心的类型。

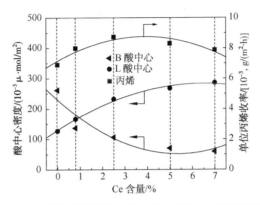

图 6-13　Ce/NZ 催化剂的酸性与其在耦合反应中的丙烯收率的关系

注：反应条件为 $T = 550℃$，$p = 0.1MPa$，空时 $= 2.3g_{cat}·h/mol_{CH_2}$，$n_{methanol}/n_{butylene} = 0.8$

　　铈的引入调变了 HZSM-5 分子筛催化剂的物化性质，进而影响了催化剂的甲醇与丁烯耦合制丙烯反应性能。为进一步揭示 Ce/NZ 催化剂酸性对其催化性能的影响，我们将 Ce/NZ 催化剂的 L 酸和 B 酸中心密度与其在甲醇与丁烯耦合反应中的平均丙烯收率进行了关联，结果如图 6-13 所示。将单位催化剂比表面积上酸中心的量定义为酸密度。将在单位时间(h)内，单位催化剂比表面积上生成的丙烯的量定义为单位丙烯收率。可以看出，随着铈负载量的增加，Ce/NZ 催化剂的 B 酸中心密度逐渐降低，L 酸中心密度逐渐增加，催化剂上的单位丙烯收率先上升后下降。说明 Ce/NZ 催化剂上的酸中心分布对其甲醇与丁烯耦合制丙烯反应性能有着复杂的影响，过高的 B 酸和 L 酸中心密度均不利于丙烯的生成。当铈负载量为 2.5% 时，2.5Ce/NZ 催化剂上单位丙烯收率最高，这主要归因于其具有最适宜的 B 酸和 L 酸中心分布。

7 硼改性的HZSM-5分子筛上甲醇与丁烯耦合制丙烯反应

近年来，杂原子 HZSM-5 分子筛由于其特殊的物化性质，被广泛用于催化反应中。已有文献报道，在甲醇制烯烃反应中，硼改性的 HZSM-5 相较于硅铝 HZSM-5 具有较强的催化性能和抗积炭能力，低硅硼比的 HZSM-5 分子筛上的丙烯选择性较高。本章采用原位合成法制备了骨架含硼的 B, Al-NZ 催化剂，同时采用浸渍法对 NZ-3 催化剂进行 B 改性得到 B/NZ 催化剂，研究通过不同方法得到的 HZSM-5 分子筛催化剂的结构、织构、酸性和甲醇与丁烯耦合制丙烯反应性能，考察反应条件对 B, Al-NZ-1 催化剂反应性能的影响，探讨分子筛改性方法与其物化性质和反应性能的关系。

7.1　硼改性 HZSM-5 分子筛的物化性质

硼改性的 HZSM-5 分子筛催化剂的 XRD 谱图见图 7-1。所有催化剂均在 2θ = 7.8°、8.7°，22.9°、23.8°、24.2°处检测到归属于 MFI 晶型结构的特征峰。采用浸渍法和原位合成法对 HZSM-5 分子筛进行硼改性，得到的催化剂的 XRD 谱图有所不同。采用浸渍法合成的 B/NZ 催化剂上没有出现归属于硼物种的特征衍射峰，表明硼物种高度分散于分子筛表面。与未改性的 NZ 催化剂相比，B/NZ 催化剂的衍射峰强度有所降低。随着硼负载量的增加，B/NZ 催化剂的衍射峰强度逐渐下降，说明将 HZSM-5 分子筛浸渍于硼酸溶液中会导致催化剂的相对结晶度的降低。此外，B/NZ 催化剂在 2θ = 23.8°、24.2°附近的衍射峰随着硼负载量的增加逐渐向低角度方向偏移，说明硼浸渍改性对 HZSM-5 分子筛晶体结构有一定影响。

与 NZ 相比，B,Al-NZ 和 B-NZ 的衍射峰强度较低，说明 B,Al-NZ 和 B-NZ 的相对结晶度较低。随着 B/Al 比的增加，B,Al-NZ 催化剂在 2θ = 23.4°处的衍射峰强度逐渐增加，同时衍射峰逐渐向高角度方向偏移，说明向 HZSM-5 分子筛骨架中引入硼原子对其骨架结构有一定影响。

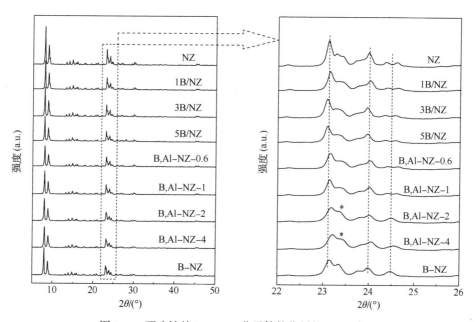

图 7-1　硼改性的 HZSM-5 分子筛催化剂的 XRD 谱图

对 NZ、B,Al-NZ 以及 B-NZ 分子筛催化剂的晶胞参数进行了计算，结果列于表 7-1。B-NZ 和 B,Al-NZ 的晶胞参数小于硅铝酸盐 NZ 晶胞参数的相应值，并且 B,Al-NZ 的晶胞参数随着 B/Al 比的增加而下降，说明硼原子成功进入了 HZSM-5 分子筛的骨架。由于硼的原子半径（0.082nm）小于铝的原子半径（0.130nm）和硅的原子半径（0.117nm），而 B—O 键长（0.147nm）小于 Si—O 键长（0.161nm）和 Al—O 键长（0.175nm）。因此，当硼原子进入 HZSM-5 分子筛的骨架时，取代了分子筛骨架中的部分铝原子和硅原子，导致其晶胞结构收缩。

表 7-1　NZ、B,Al-NZ 以及 B-NZ 分子筛催化剂的晶胞参数

催化剂	晶胞参数			晶胞体积/nm³
	a/nm	b/nm	c/nm	
NZ	2.0025	2.0082	1.3402	5.3894
B,Al-NZ-0.6	1.9973	1.9919	1.3308	5.2945
B,Al-NZ-1	1.9974	1.9943	1.3309	5.3016
B,Al-NZ-2	1.9843	1.9855	1.3235	5.2144
B,Al-NZ-4	1.9861	1.9861	1.3265	5.2326
B-NZ	1.9882	1.9831	1.3213	5.2100

NZ、B,Al-NZ 以及 B-NZ 催化剂的 FT-IR 谱图见图 7-2。所有样品在 449cm^{-1}、543cm^{-1}、800cm^{-1}、1114cm^{-1} 和 1222cm^{-1} 附近均出现了较强的特征吸收峰。449cm^{-1} 和 543cm^{-1} 处的吸收峰分别归属于分子筛中内部四面体（TO$_4$）和双五元环的特征振动，800cm^{-1} 与 1114cm^{-1} 处的吸收峰分别对应于分子筛中 T—O—T 键的对称和反对称伸缩振动，1222cm^{-1} 处的吸收峰归属于分子筛的外部联结振动。从图 7-2(a) 可以看出，B,Al-NZ 和 B-NZ 在 925cm^{-1} 附近出现特征峰，归属于分子筛骨架中 BO$_4$ 四面体。此外，采用 KBr 压片法制样无法检测到对应于硼三键链的吸收峰，因此直接称取一定量的样品进行压片制样，并扫描其红外谱图，结果如图 7-2(b) 所示。可以看出，B,Al-NZ 和 B-NZ 在 1388cm^{-1} 附近均出现了特征吸收峰，归属于硼三键链或硼的复杂聚合阴离子的B-O不对称伸缩振动。

与 NZ 相比，B,Al-NZ 和 B-NZ 中归属于内部四面体（TO$_4$）和双五元环振动的吸收峰向高波数方向移动，再次说明了硼原子进入了 HZSM-5 分子筛的骨架。B,Al-NZ 上的 925cm^{-1} 和 1388cm^{-1} 处的吸收峰随着 B/Al 比的增加逐渐增强，说明随着 B/Al 比的增加，B,Al-NZ 催化剂骨架内的 BO$_4$ 四面体和三价硼物种的含量均增加。

B/NZ 分子筛催化剂的 SEM 图见图 7-3。与 NZ 相比，经硼酸浸渍处理的 B/NZ

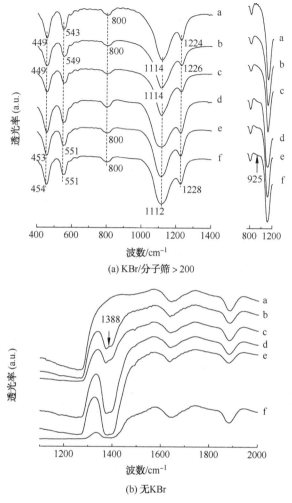

图 7-2　NZ、B,Al-NZ 以及 B-NZ 分子筛催化剂的 FT-IR 谱图

a—NZ；b—B,Al-NZ-0.6；c—B,Al-NZ-1；d—B,Al-NZ-2；e—B,Al-NZ-4；f—B-NZ

催化剂上出现无定型物质，并且无定型物质的量随着硼负载量的增加而增加。
图 7-4 为 NZ、B,Al-NZ 以及 B-NZ 分子筛催化剂的 SEM 图。硼原子的引入对
HZSM-5 分子筛的形貌和晶粒尺寸有重要影响。由图 7-4 可以看出，B,Al-NZ-0.6
的形貌与 NZ 相似。而进一步增加 B/Al 比，B,Al-NZ 催化剂的形貌发生明显变化，
催化剂颗粒表面变得粗糙。当 B/Al 比增加至 1～2 的范围内时，B,Al-NZ-1 和
B,Al-NZ-2 催化剂呈由粒径为 50～100nm 的纳米晶粒团聚形成尺寸约为 400nm 的
椭球体。进一步增大 B/Al 比至 4，可以看到 B,Al-NZ-4 周围有无定形物质出

现，这可能是因为在 HZSM-5 分子筛前驱液的制备中，加入了大量的硼酸，使分子筛前驱液碱度降低，同时抑制 TPA$^+$ 在分子筛合成中的结构导向作用，不利于分子筛的形成，因此会出现较多的无定形物质。

图 7-3　B/NZ 分子筛催化剂的 SEM 图

　　硼改性的 HZSM-5 分子筛催化剂的织构性质见表 7-2。随着硼负载量的增加，B/NZ 催化剂的比表面积和孔体积均有不同程度的下降，说明硼酸浸渍处理对 HZSM-5 分子筛的孔道结构有一定影响。与 NZ 相比，B,Al-NZ 的比表面积和孔体积均有所增加。当 B/Al 比在 0.6～2 的范围内时，随着 B/Al 比的增加，B,Al-NZ的比表面积和孔体积呈上升趋势。由图 7-4 可知，硼的引入使分子筛内部出现了大量的晶间孔，导致催化剂孔体积增加。进一步增大 B/Al 比，催化剂的比表面积和孔体积有所下降。而 B,Al-NZ 催化剂的微孔体积随B/Al比的增加没有明显变化。此外，与硅铝酸盐 NZ 相比，B-NZ 催化剂的比表面积和孔体积均较低，这是因为当硼原子取代铝原子进入 HZSM-5 分子筛骨架时，会导致分子筛晶胞收缩，孔道变窄，孔体积减小。

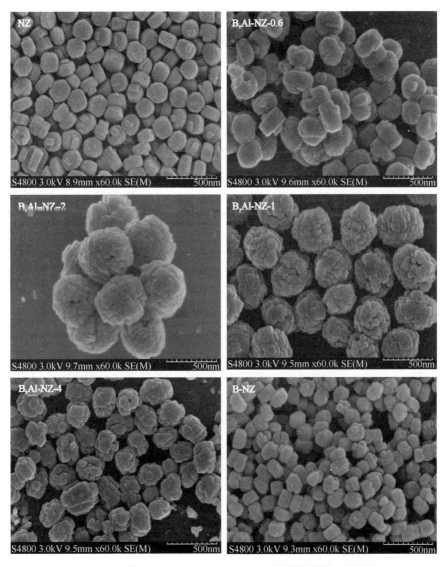

图 7-4 NZ、B,Al-NZ 以及 B-NZ 分子筛催化剂的 SEM 图

表 7-2 硼改性的 HZSM-5 分子筛催化剂的织构性质

催化剂	$S_{BET}/(m^2/g)$	$V_{total}/(cm^3/g)$	$V_{micro}/(cm^3/g)$
NZ	371	0.43	0.13
1B/NZ	300	0.26	0.09

催化剂	$S_{BET}/(m^2/g)$	$V_{total}/(cm^3/g)$	$V_{micro}/(cm^3/g)$
3B/NZ	297	0.22	0.09
5B/NZ	261	0.20	0.08
B,Al-NZ-0.6	383	0.43	0.11
B,Al-NZ-1	424	0.48	0.12
B,Al-NZ-2	427	0.47	0.12
B,Al-NZ-4	404	0.43	0.11
B-NZ	361	0.26	0.11

硼改性的 HZSM-5 分子筛催化剂的 NH_3-TPD 谱图见图 7-5。由图 7-5(a)可以看出，采用浸渍法制备的 B/NZ 催化剂的 NH_3-TPD 谱图上均出现三个 NH_3 脱附峰，位于 109~148℃、210~250℃、400~410℃之间，分别代表了弱酸、中强酸和强酸中心。随着硼负载量的增加，B/NZ 催化剂上的强酸量降低，而弱酸和中强酸的酸量逐渐增加，这是因为硼酸与分子筛表面酸性较强的桥式羟基[Si(OH)Al]发生相互作用，并生成了酸性较弱硼羟基(B—OH)，使催化剂酸强度降低。

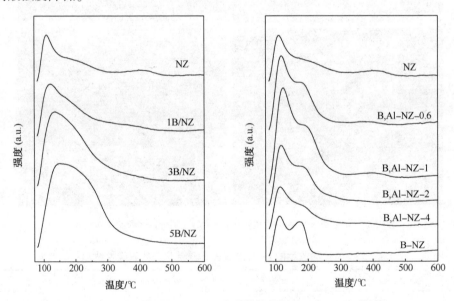

图 7-5　B/NZ 和 B,Al-NZ 分子筛催化剂的 NH_3-TPD 谱图

由图 7-5(b)可以看出，原位合成法制备的 B,Al-NZ 催化剂在温度 108～125℃、185～215℃、375～410℃内均出现三个 NH₃ 脱附峰，说明 B,Al-NZ 催化剂具有弱酸、中强酸和强酸中心。随着 B/Al 比的增加，B,Al-NZ 上的弱酸量和中强酸量均呈现出先增加后降低的变化趋势。而催化剂的强酸量随 B/Al 比的增加略有降低。此外，随着 B/Al 比的增加，B,Al-NZ 上中强酸和强酸对应的 NH₃ 脱附峰的峰温向低温方向移动，而弱酸中心对应的 NH₃ 脱附峰的峰温向高温方向移动，由此可知，硼的引入使分子筛中强酸和强酸的强度降低，而弱酸强度有所增加。硅硼酸盐 B-NZ 催化剂在 112℃和 176℃出现两个 NH₃ 脱附峰，说明 B-NZ 仅具有弱酸和中强酸中心。

将 NZ、B,Al-NZ 以及 B-NZ 在室温下吸附吡啶后，分别在 150℃和 350℃的下脱附后采集谱图，结果如图 7—6 所示。各催化剂在 1437cm⁻¹、1490cm⁻¹ 和 1545cm⁻¹ 附近出现红外吸收峰，表明 NZ、B,Al-NZ 以及 B-NZ 催化剂上同时存在 L 酸和 B 酸中心。

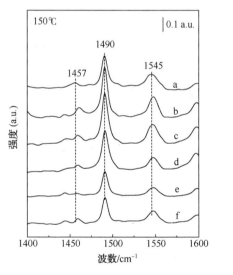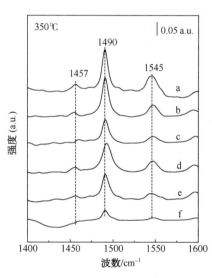

图 7-6　NZ、B,Al-NZ 以及 B-NZ 催化剂在 150℃和 350℃下脱附吡啶后的 Py-IR 谱图
a—NZ；b—B,Al-NZ-0.6；c—B,Al-NZ-1；d—B,Al-NZ-2；e—B,Al-NZ-4；f—B-NZ

根据 Py-IR 谱图对各催化剂上 L 酸和 B 酸中心浓度进行了计算，结果见表 7-3。随着 B/Al 比的增加，B,Al-NZ 催化剂上的 L 酸和 B 酸中心浓度均呈先增加后降低的变化趋势，而 B 酸中心的变化程度大于 L 酸中心。以上结果说明，硼的引入不仅调变了分子筛上的酸量和酸强度分布，也影响了酸中心的类型。

表 7-3　NZ、B,Al-NZ 以及 B-NZ 催化剂上 B 酸和 L 酸中心分布

催化剂	B 酸浓度/(μmol/g)			L 酸浓度/(μmol/g)			B/L
	弱酸和中强酸	强酸	总酸	弱酸和中强酸	强酸	总酸	
NZ	58	39	97	32	15	47	2.06
B,Al-NZ-0.6	80	28	108	54	14	68	1.59
B,Al-NZ-1	100	23	123	51	12	63	1.95
B,Al-NZ-2	59	26	85	42	13	55	1.55
B,Al-NZ-4	36	21	57	12	11	33	1.72
B-NZ	52	11	63	41	4	45	1.40

　　将 NZ、B,Al-NZ 以及 B-NZ 于 400℃抽真空处理 3h，然后扫描样品的红外谱图，结果如图 7-7 所示。3500~3900cm^{-1} 波数范围内的特征峰归属于催化剂表面结构羟基。NZ 在 3612cm^{-1}、3685cm^{-1} 和 3743cm^{-1} 有三个吸收峰。B-NZ 在 3725cm^{-1} 和 3743cm^{-1} 有两个吸收峰。而 B,Al-NZ 在 3612cm^{-1}、3685cm^{-1}、3725cm^{-1} 和 3743cm^{-1} 处均存在特征吸收峰。与 NZ 相比，含杂原子的 B,Al-NZ 催化剂在 3612cm^{-1} 和 3743cm^{-1} 处的吸收峰强度明显降低，而 3725cm^{-1} 处的吸收峰强度增加。根据文献报道可知，3725cm^{-1} 处的吸收峰归属于分子筛骨架中的 Si(OH)B 桥羟基。随着 B/Al 比的增加，3725cm^{-1} 处的吸收峰强度呈现出先增加后降低的变化趋势。B,Al-NZ 分子筛骨架中的 Si(OH)B 桥羟基可以提供强度较弱的 B 酸中心。由此推测，硼的引入使催化剂上强度较弱的 B 酸中心的量增加。同时硼的引入对铝原子进入分子筛骨架有一定抑制作用，导致 Si(OH)Al 桥羟基的减少，使催化剂上较强的 B 酸中心的酸量降低。

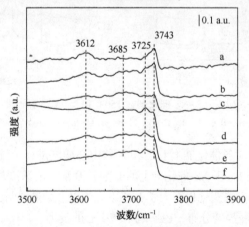

图 7-7　NZ、B,Al-NZ 以及 B-NZ 分子筛催化剂羟基的 FT-IR 谱图
a—NZ；b—B,Al-NZ-0.6；c—B,Al-NZ-1；d—B,Al-NZ-2；e—B,Al-NZ-4；f—B-NZ

7.2 硼改性 HZSM-5 分子筛的反应性能

硼改性的 HZSM-5 分子筛催化剂的甲醇与丁烯耦合制丙烯反应性能见图 7-8。可以看出，采用浸渍法和原位合成法制备的硼改性的 HZSM-5 分子筛催化剂在甲醇与丁烯耦合制丙烯反应中具有不同的反应性能。

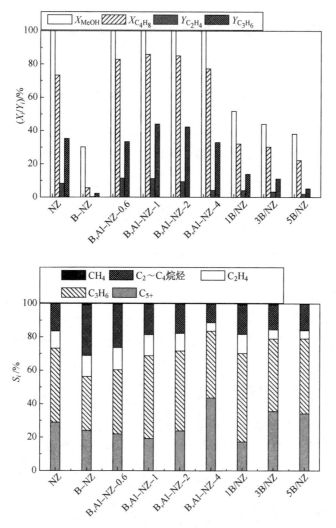

图 7-8　硼改性的 HZSM-5 分子筛催化剂在甲醇与丁烯制丙烯反应中的催化性能

注：反应条件为 $T=550℃$，$p=0.1MPa$，空时 $=2.2g_{cat} \cdot h/mol_{CH_2}$，$n_{methanol}/n_{butylene}=1.2$，TOS $=5h$

从图 7-8(a)可以看出，NZ 和 B,Al-NZ 催化剂上的甲醇转化率均为 100%。与 NZ 相比，B,Al-NZ 上的丁烯转化率较高。随着 B/Al 比的增加，B,Al-NZ 上的丁烯转化率先上升后下降。根据图 7-5 可知，随着 B/Al 比的增加，B,Al-NZ 催化剂上的酸量呈现出先增加后降低的变化趋势。甲醇与丁烯耦合制丙烯是酸催化反应，催化剂酸性的变化直接影响了丁烯的转化。当 B/Al 比为 2 时，B,Al-NZ-2 上的丁烯转化率最高，为 86.1%。此外，与硅铝酸盐 NZ 相比，硅硼 B-NZ 上的甲醇、丁烯转化率均较低。相比之下，经过硼酸浸渍改性的 B/NZ 催化剂上的甲醇、丁烯转化率比未改性时有明显降低。在 TOS = 5h 时，B/NZ 催化剂上丁烯转化率均低于 40%，而甲醇转化率均低于 50%。这可能是因为在硼酸浸渍处理过程中，大量的硼物种进入催化剂的孔道，阻碍了反应物与催化剂孔道中的活性中心接触，从而降低了催化剂性能。

从图 7-8(b)可以看出，硼用量对 B,Al-NZ 催化剂上的产物分布也有重要影响。随着 B/Al 比的增加，$C_2 \sim C_4$ 烷烃的总选择性逐渐下降，C_{5+} 的选择性先下降后上升。此外，随着 B/Al 比的增加，B,Al-NZ 催化剂上的乙烯和丙烯的选择性均呈现出先增加后降低的变化趋势。当 B/Al 比为 1 时，B,Al-NZ-1 上的丙烯选择性最高，为 49.5%。而催化剂上的丙烯收率与丙烯选择性的变化规律相同。当 B/Al 比为 1 时，B,Al-NZ-1 上的丙烯收率最高，为 44.2%。

7.3　反应条件对 B,Al-NZ-1 反应性能的影响

B,Al-NZ-1 催化剂在甲醇与丁烯耦合制丙烯反应中具有较好的反应活性。因此我们以 B,Al-NZ-1 为例，进一步考察了反应条件(甲醇与丁烯摩尔比、反应温度、空时)对其甲醇与丁烯耦合制丙烯性能的影响。

甲醇与丁烯的摩尔比对 B,Al-NZ-1 催化剂上丁烯转化率、产物选择性和收率的影响见图 7-9。在不同的甲醇与丁烯的摩尔比下，甲醇在 B,Al-NZ-1 上均可以完全转化。与单一丁烯进料过程相比，甲醇与丁烯耦合反应中丁烯转化率较高，说明甲醇的加入促进了丁烯转化。随着甲醇与丁烯摩尔比的增加，丁烯转化率先增加，当甲醇与丁烯摩尔比为 0.8 时，催化剂上的丁烯转化率最高，为 84.7%，然后进一步增加甲醇与丁烯的摩尔比，丁烯的转化率下降。由图 7-9(b)可知，与丁烯裂解反应相比，甲醇与丁烯耦合反应中的丙烯的选择性和收率均较高，说明耦合反应有利于丙烯的生成。随着甲醇与丁烯摩尔比的增加，B,Al-NZ-1 上丙烯的选择性和收率均呈先增加后降低的变化趋势。选择合适的甲醇与丁烯摩尔比有利于提高丙烯选择性和收率。当甲醇与丁烯摩尔比为 1.2 时，丙烯收率最高。

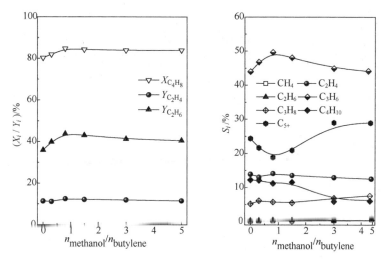

图 7-9　甲醇与丁烯摩尔比对 B,Al-NZ-1 催化剂上丁烯转化率、产物选择性和收率的影响

注：反应条件为 $T = 550℃$，$p = 0.1MPa$，空时 = $2.2g_{cat} \cdot h/mol_{CH_2}$，TOS = 5h

反应温度对 B,Al-NZ-1 催化剂上的丁烯转化率、产物选择性和收率的影响见图 7-10。在反应温度为 500~600℃之间，甲醇在 B,Al-NZ-1 上的转化率均为 100%。随着反应温度的升高，丁烯转化率逐渐上升，这是因为较高的反应温度有利于丁烯裂解反应进行。

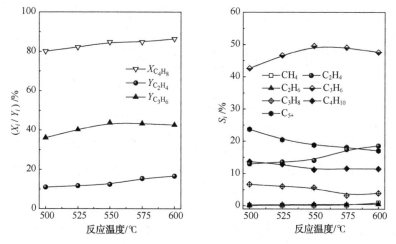

图 7-10　反应温度对 B,Al-NZ-1 催化剂上丁烯转化率、产物选择性和收率的影响

注：反应条件为 $p = 0.1MPa$，空时 = $2.2g_{cat} \cdot h/mol_{CH_2}$，$n_{methanol}/n_{butylene} = 1.2$，TOS = 5h

随着反应温度的升高，B,Al-NZ-1 上的乙烷、丙烷、丁烷及 C_{5+} 组分的选择性均下降，这归因于较高的反应温度促进了 C_{5+} 组分的裂解，同时抑制了氢转移反应的进行。随着反应温度的升高，乙烯选择性上升，丙烯的选择性先上升后降低，说明在较高的反应温度下，丙烯会进一步发生二次反应。此外，从图 7-10(a)中可以看出，丙烯收率随着反应温度的升高先上升后下降。为了获得较高的丙烯选择性和收率，选择反应温度为 550℃ 是比较合适的。

　　在 550℃，0.1MPa，甲醇与丁烯摩尔比为 1.2 的反应条件下，考察了空时对 B,Al-NZ-1 催化剂上的丁烯转化率、产物选择性和收率的影响，结果见表 7-4。在不同的空时下，B,Al-NZ-1 上的甲醇转化率均达到 100%，其丁烯转化率随着空时的增大呈上升趋势。当空时从 $0.8g_{cat} \cdot h/mol_{CH_2}$ 增大至 $1.6g_{cat} \cdot h/mol_{CH_2}$ 时，B,Al-NZ-1 上的乙烷、丙烷和丁烷的选择性先升高，进一步增大空时至 $3.8g_{cat} \cdot h/mol_{CH_2}$，选择性略有降低。随着空时的增加，乙烯的选择性和收率均上升。而丙烯的选择性和收率随着空时的增加呈现出先增加后降低的变化趋势。当空时为 $2.2g_{cat} \cdot h/mol_{CH_2}$ 时，B,Al-NZ-1 催化剂上的丙烯收率最高。

表 7-4　空时对 B,Al-NZ-1 催化剂上丁烯转化率、产物选择性和收率的影响

空时/ $(g_{cat} \cdot h/mol_{CH_2})$	$X_{C_4H_8}$/%	S_i/%							Y_i/%	
		CH_4	C_2H_4	C_2H_6	C_3H_6	C_3H_8	C_4H_{10}	C_{5+}	C_2H_4	C_3H_6
0.8	65.3	0.1	3.6	0.0	33.2	1.0	8.9	53.1	2.7	24.3
1.6	77.0	0.2	6.1	0.0	38.4	1.1	12.2	42.1	5.0	31.6
2.2	86.0	0.1	12.6	0.5	49.5	5.8	12.2	19.3	11.2	44.2
3.8	88.1	0.2	14.1	0.4	45.7	5.7	11.2	22.7	12.8	41.5

注：反应条件为 $T=550℃$，$p=0.1MPa$，$n_{methanol}/n_{butylene}=1.2$，TOS=5h。

7.4　硼改性 HZSM-5 分子筛的稳定性

　　在 550℃、0.1MPa、空时 $2.2g_{cat} \cdot h/mol_{CH_2}$、甲醇与丁烯摩尔比为 1.2 的反应条件下，考察了 NZ 和 B,Al-NZ 催化剂在甲醇与丁烯耦合制丙烯反应中的稳定性，结果如图 7-11 和图 7-12 所示。图 7-11 为甲醇、丁烯的转化率随反应时间的变化。随着反应的进行，NZ 和 B,Al-NZ 催化剂上的丁烯转化率逐渐下降，而甲醇转化率则一直维持在 100%。在不同 B/Al 比的 B,Al-NZ 催化剂上，丁烯转化率随反应时间的延长呈现出不同的下降趋势。在 43h 的反应时间内，NZ 上的丁烯转化率由 75.9% 下降至 56.3%，下降了 19.6%。与 NZ 相比，B/Al 比为 0.6~2 的 B,Al-NZ 催化剂的稳定性有明显的提高，其中 B/Al 比为 1 的 B,Al-NZ-1 的

稳定性最好。在反应 43h 后，B,Al-NZ-1 上的丁烯转化率由 88.2% 下降至 75.4%，仅下降了 12.8%，继续延长反应时间至 73h，其丁烯转化率下降至 63.6%。而 B/Al 比为 4 的 B,Al-NZ-4 稳定性较差，在 16h 的反应时间内，B,Al-NZ-4 上的丁烯转化率由 79.9% 下降至 59.4%，下降了 20.5%。以上结果说明，适量硼的引入可以显著提高 HZSM-5 分子筛在甲醇与丁烯耦合制丙烯反应中的稳定性。

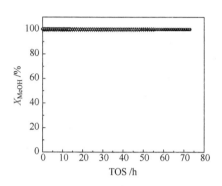 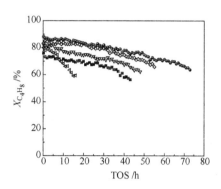

图 7-11　NZ 和 B,Al-NZ 催化剂上甲醇和丁烯转化率随反应时间的变化

注：反应条件为 $T = 550\ ℃$，$p = 0.1\ MPa$，空时 $= 2.2\ g_{cat} \cdot h/mol_{CH_2}$，$n_{methanol}/n_{butylene} = 1.2$

■—NZ；○—B,Al-NZ-0.6；●—B,Al-NZ-1；▽—B,Al-NZ-2；◁—B,Al-NZ-4

　　NZ 和 B,Al-NZ 催化剂上产物选择性随反应时间的变化见图 7-12。随着反应的进行，催化剂上的乙烯选择性逐渐下降，$C_2 \sim C_4$ 烷烃选择性降低，而 C_{5+} 组分的选择性逐渐增加。在不同的催化剂上，丙烯选择性随反应时间的延长呈现出不同的变化趋势。随着反应的进行，NZ、B,Al-NZ-0.6、B,Al-NZ-1、B,Al-NZ-2 催化剂上的丙烯选择性呈现先上升后下降的变化趋势。而 B,Al-NZ-4 上的丙烯选择性随着反应时间的延长不断降低。在反应初始阶段，NZ 上的丙烯选择性为 42.3%，随着反应的进行，NZ 上的丙烯选择性逐渐上升，在反应 3h 后，丙烯选择性达到最大值 44.7%，到反应结束时，丙烯选择性下降至 33%。而 B,Al-NZ-1 催化剂上的初始丙烯选择性为 41.1%，随着反应的进行，丙烯选择性逐渐上升，在 5h 时达到最大值 49.5%，进一步增加反应时间丙烯选择性逐渐降低，在反应了 73h 后，B,Al-NZ-1 上丙烯选择性下降至 33.6%。而 B,Al-NZ-4 催化剂在 13h 的反应时间内，丙烯选择性从 42.9% 快速下降至 36.4%。

　　将催化剂 NZ、B,Al-NZ-0.6、B,Al-NZ-1、B,Al-NZ-2 和 B,Al-NZ-4 催化剂在 550℃、0.1MPa、空时 $2.2\ g_{cat} \cdot h/mol_{CH_2}$、甲醇与丁烯摩尔比为 1.2 的条件下，分别反应 43h、55h、73h、48h 和 13h，将反应后的催化剂进行热重分析，得

到的 TG 曲线如图 7-13 所示。对反应后催化剂上的积炭量和平均积炭速率进行计算，结果列于表 7-5。可以看出，B,Al-NZ 上的平均积炭速率较 NZ 有明显降低。由此可知，向 HZSM-5 分子筛催化剂中引入硼原子可以显著提高催化剂在甲醇与丁烯耦合制丙烯反应中的抗积炭性能。

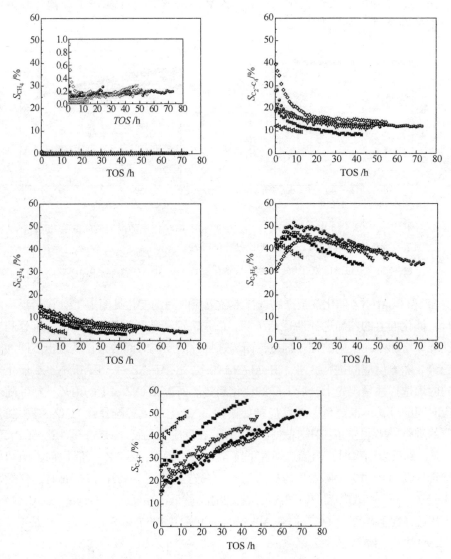

图 7-12　NZ 和 B,Al-NZ 催化剂上产物选择性随反应时间的变化

注：反应条件为 $T = 550℃$，$p = 0.1MPa$，空时 $= 2.2g_{cat} \cdot h/mol_{CH_2}$，$n_{methanol}/n_{butylene} = 1.2$

■—NZ；○—B,Al-NZ-0.6；●—B,Al-NZ-1；▽—B,Al-NZ-2；◁—B,Al-NZ-4

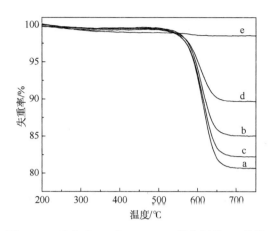

图 7-13　反应后 NZ 和 B,Al-NZ 催化剂的 TG 曲线

a—NZ；b—B,Al-NZ-0.6；c—B,Al-NZ-1；d—B,Al-NZ-2；e—B,Al-NZ-4

表 7-5　反应后 NZ 和 B,Al-NZ 催化剂的积炭量和平均积炭速率

反应后催化剂	寿命/h	积炭量/（mg/g_{cat}）	平均积炭速率/ [$mg/(g_{cat} \cdot h)$]
NZ	43	187.9	4.4
B,Al-NZ-0.6	55	146.0	2.7
B,Al-NZ-1	73	171.1	2.3
B,Al-NZ-2	48	96.0	2.0
B,Al-NZ-4	13	5.9	0.3

8 B,Al-NZ-1催化剂的失活与再生

硼改性 HZSM-5 分子筛是甲醇与丁烯耦合制丙烯反应的高效催化剂，但是反应过程中积炭的生成导致催化剂失活。研究结果表明，积炭反应主要发生在分子筛强酸中心上，包覆分子筛的酸性中心并堵塞其孔道，导致分子筛催化活性降低。如何延长催化剂的使用寿命，克服积炭对催化剂活性的影响，成为目前研究的热点之一。本章以 B, Al-NZ-1 催化剂为对象，考察甲醇与丁烯摩尔比、反应温度和空时对反应寿命和积炭行为的影响，研究 B, Al-NZ-1 催化剂在甲醇与丁烯耦合制丙烯反应中的失活机理和反应-再生性能。

8.1 反应条件对 B,Al-NZ-1 稳定性的影响

B,Al-NZ-1 催化剂在甲醇与丁烯耦合制丙烯反应中具有较好的反应活性。以 B,Al-NZ-1 为对象,研究甲醇与丁烯摩尔比、反应温度和空时对其在耦合反应中稳定性和积炭行为的影响。

在 550℃、0.1MPa、空时 2.2g_{cat}·h/mol$_{CH_2}$的条件下,考察了甲醇与丁烯摩尔比对 B,Al-NZ-1 催化剂稳定性的影响。图 8-1 为在不同的甲醇与丁烯摩尔比下 B,Al-NZ-1 分子筛催化剂上丙烯收率随反应时间的变化。当甲醇与丁烯摩尔比为 1.2 时,B,Al-NZ-1 上的初始丙烯收率为 37.4%(TOS=0.2h)。随着反应时间的延长,丙烯收率逐渐上升,在 9h 时达到最大值,进一步增加反应时间,丙烯收率开始下降。在反应结束时,B,Al-NZ-1 上的丙烯收率为 24.2%。当甲醇与丁烯摩尔比为 2 时,B,Al-NZ-1 上的丙烯收率随着反应的进行逐渐下降,反应进行 30h 后,丙烯收率由 44.0% 下降至 24.0%。当甲醇与丁烯的摩尔比为 5 时,反应进行 20h 后,催化剂上的丙烯收率由 43.8% 下降至 19.3%。以上结果表明,随着甲醇与丁烯摩尔比的增加,催化剂的稳定性降低。

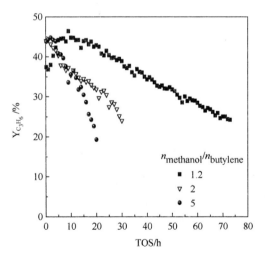

图 8-1　在不同的甲醇与丁烯摩尔比下 B,Al-NZ-1 催化剂上丙烯收率随反应时间的变化

注:反应条件为 T=500℃,p=0.1MPa,空时=2.2g_{cat}·h/mol$_{CH_2}$

对在不同的甲醇与丁烯摩尔比下反应的 B,Al-NZ-1 催化剂进行热重分析，结果见图 8-2。甲醇与丁烯摩尔比对 B,Al-NZ-1 催化剂上的积炭量有重要影响。在甲醇与丁烯摩尔比分别为 1.2、2、5 时，B,Al-NZ-1 分别反应了 73h、30h、20h 后，催化剂上的积炭量分别为 171.1mg/g_{cat}、44.5mg/g_{cat}、90.9mg/g_{cat}，平均积炭速率分别为 2.3mg/(g_{cat}·h)、1.5mg/(g_{cat}·h)、4.5mg/(g_{cat}·h)。结果表明，较高的甲醇与丁烯摩尔比会导致催化剂上的积炭加快，这主要是因为甲醇的生焦速率大于丁烯，而适当降低甲醇与丁烯摩尔比有利于提高催化剂的稳定性，并降低催化剂上的积炭速率。

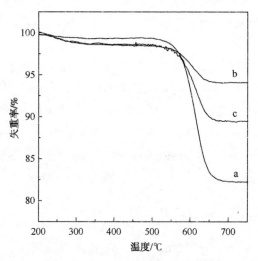

图 8-2　不同的甲醇与丁烯摩尔比下反应后 B,Al-NZ-1 催化剂的 TG 曲线
a—摩尔比为 1.2；b—摩尔比为 2；c—摩尔比为 5

在 0.1MPa、空时 2.2g_{cat}·h/mol_{CH_2}、甲醇与丁烯摩尔比为 1.2 的条件下，考察了反应温度对 B,Al-NZ-1 催化剂稳定性的影响。图 8-3 为不同的反应温度下 B,Al-NZ-1 分子筛催化剂上丙烯收率随反应时间的变化。可以看出，随着反应温度的升高，催化剂上的丙烯收率下降速率加快，催化剂的稳定性降低。在 600℃下反应 30h 后，B,Al-NZ-1 上的丙烯收率由 45.8% 下降至 24.3%。相比之下，当反应温度为 500℃和 550℃时，催化剂的稳定性较好，在反应进行 70h 中，B,Al-NZ-1 上的丙烯收率均保持在 20% 以上。

对反应后的 B,Al-NZ-1 催化剂进行热重分析，结果见图 8-4。当反应温度为 500℃、550℃、600℃时，B,Al-NZ-1 催化剂上的积炭量分别为 85.3mg/g_{cat}、171.1mg/g_{cat}、253.0mg/g_{cat}，平均积炭速率分别为 0.9mg/(g_{cat}·h)、2.3mg/(g_{cat}·h)、8.4mg/(g_{cat}·h)。由此可见，较高的反应温度会加速 B,Al-NZ-1 催化剂上的积炭反

应，导致其快速失活。当反应温度高于 600℃ 时，B,Al-NZ-1 催化剂上积炭速率大幅增加。因此，适当降低反应温度有利于延长催化剂的寿命。

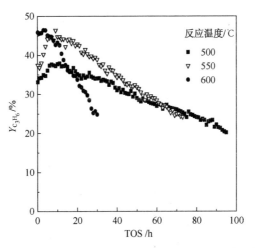

图 8-3 不同的反应温度下 B,Al-NZ-1 催化剂上丙烯收率随反应时间的变化

注：反应条件为 $p=0.1MPa$，空时 $=2.2g_{cat}\cdot h/mol_{CH_2}$，$n_{methanol}/n_{butylene}=1.2$

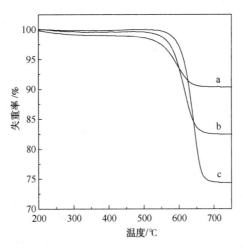

图 8-4 不同的反应温度下反应后 B,Al-NZ-1 催化剂的 TG 曲线

a—500℃；b—550℃；c—600℃

在 550℃、0.1MPa、甲醇与丁烯摩尔比 1.2 的条件下，考察了空时对 B,Al-NZ-1 催化剂在甲醇与丁烯耦合反应中稳定性的影响。图 8-5 为不同的空时下 B,Al-NZ-1 分子筛催化剂上丙烯收率随反应时间的变化。当空时为 $0.8g_{cat}\cdot h/mol_{CH_2}$ 时，

B, Al-NZ-1上的丙烯选择性随着反应时间的延长迅速下降，在反应进行 7h 后，丙烯收率从 41.4% 下降至 23.8%。增大空时至 2.2g_{cat} · h/mol$_{CH_2}$，B, Al-NZ-1 催化剂的稳定性有明显提高。随着反应时间的延长，丙烯收率先上升，在反应了 9h 后，丙烯收率达到最大值。进一步增大空时至 3.7g_{cat} · h/mol$_{CH_2}$，B, Al-NZ-1 上的初始丙烯收率有所下降，但是催化剂的稳定性有所提高。

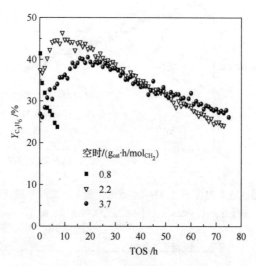

图 8-5 不同的空时下 B, Al-NZ-1 催化剂上丙烯收率随反应时间的变化

注：反应条件为 $T = 550℃$，$p = 0.1MPa$，$n_{methanol}/n_{butylene} = 1.2$

在空时为 0.8g_{cat} · h/mol$_{CH_2}$、2.2g_{cat} · h/mol$_{CH_2}$、3.7g_{cat} · h/mol$_{CH_2}$ 下，B, Al-NZ-1 催化剂分别反应了 7h、73h、75h 后，将反应后的催化剂进行热重分析。图 8-6 为反应后 B, Al-NZ-1 催化剂的 TG 曲线。经过计算可知，在空时分别为 0.8g_{cat} · h/mol$_{CH_2}$、2.2g_{cat} · h/mol$_{CH_2}$、3.7g_{cat} · h/mol$_{CH_2}$ 的条件下，B, Al-NZ-1 催化剂上的积炭量为 21.3mg/g_{cat}、171.1mg/g_{cat}、138.5mg/g_{cat}，平均积炭速率为 3.0mg/(g_{cat} · h)、2.3mg/(g_{cat} · h)、1.9mg/(g_{cat} · h)。可以看出，催化剂上积炭速率随着空时的增加而降低。选择空时为 2.2g_{cat} · h/mol$_{CH_2}$，既能保证 B, Al-NZ-1 催化剂有较高的反应活性，又能有效降低催化剂上的积炭速率。

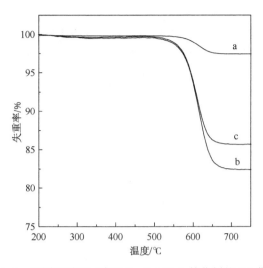

图 8-6 不同空时下反应后 B,Al-NZ-1 催化剂的 TG 曲线

a—0.8 $g_{cat} \cdot h/mol_{CH_2}$；　b—2.2 $g_{cat} \cdot h/mol_{CH_2}$；　c—3.7 $g_{cat} \cdot h/mol_{CH_2}$

8.2　再生后 B,Al-NZ-1 的物化性质和反应性能

采用连续-反应再生方法考察 B,Al-NZ-1 催化剂在甲醇与丁烯耦合制丙烯反应中的再生性能，并用 XRD、氮气等温吸附-脱附和 NH$_3$-TPD 研究再生催化剂的结构、孔道、酸量以及酸中心分布等性质。B,Al-NZ-1 催化剂的再生在固定床反应器中进行，将反应后的催化剂先用氮气（40mL/min）于 550℃下吹扫 0.5h，再切换为空气（40mL/min）于 550℃下吹扫 6h，使积炭完全燃烧，得到再生的催化剂，记为 Re-x，其中 x 为再生次数。

在甲醇与丁烯耦合制丙烯反应中，B,Al-NZ-1 和经过反应-再生后的 B,Al-NZ-1 催化剂上产物收率随反应时间的变化见图 8-7。随着反应时间的延长，B,Al-NZ-1 上的乙烯和 C$_2$~C$_4$ 烷烃收率均呈下降趋势，C$_{5+}$ 组分收率逐渐上升。每多进行一次反应-再生循环，催化剂上的初始乙烯收率都会降低。新鲜的 B,Al-NZ-1 催化剂上的初始乙烯收率为 25.2%，经过四次反应-再生循环后，B,Al-NZ-1 上的初始乙烯收率下降为 16.7%。在四次反应-再生循环中，丙烯收率随着反应时间的延长呈现出不同的变化趋势。在前三次的反应中，B,Al-NZ-1 上的丙烯收率随着反应的进行先升高后降低。而在第四次反应中，随着反应时间的延长，丙烯收率单调下降。在相同的反应时间内，随着反应-再生循环次数的增加，B，Al-NZ-1 上的丙烯收率下降速率减缓，说明随着反应-再生循环的进行，催化剂 B，Al-NZ-1 在甲醇与丁烯耦合制丙烯反应中的稳定性有所增加。这可能是因为在对催化剂进行再生处理时，催化剂上的积炭物种没有被完全除去，导致催化剂上部分酸中心被积炭覆盖，使催化剂酸性降低，从而一定程度上抑制了积炭的生成，使催化剂的稳定性有所增加。

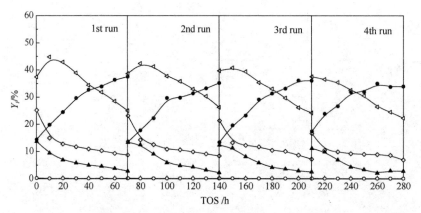

图 8-7　B，Al-NZ-1 和经过反应-再生后的
B，Al-NZ-1 催化剂上产物收率随反应时间的变化

注：反应条件为 $T = 550\,℃$，$p = 0.1\,MPa$，空时 $= 2.2\,g_{cat} \cdot h/mol_{CH_2}$，$n_{methanol}/n_{butylene} = 1.2$

○—CH_4；◇—$C_2 \sim C_4$ 烷烃；▲—C_2H_4；◁—C_3H_6；●—C_{5+}

在反应-再生过程中，残留的积炭会导致催化剂的结构、孔道、酸性等性质发生变化，进而影响其催化性能。对 B，Al-NZ-1 和经过反应-再生后的 B，Al-NZ-1 催化剂进行 XRD 表征，结果如图 8-8 所示。在所考察的催化剂上均检测到归属于 HZSM-5 分子筛的衍射峰，说明在反应-再生过程中，催化剂的骨架结构未受到明显破坏。随着反应-再生循环次数的增加，B，Al-NZ-1 催化剂的衍射峰强度略有下降，这可能是因为在对催化剂进行再生处理时，积炭没有被彻底除去，少量积炭还存在于催化剂上，导致其衍射峰强度降低。另外，随着反应-再生循环的进行，B，Al-NZ-1 催化剂在 23.1°处的衍射峰向低角度方向偏移，说明反应-再生循环过程对催化剂的晶型结构有一定的影响。

B，Al-NZ-1 和经过反应-再生后的 B，Al-NZ-1 催化剂的比表面积和孔体积列于表 8-1。随着反应-再生循环次数的增加，B，Al-NZ-1 催化剂的比表面积和孔体积均呈下降趋势，这可能是由于在对催化剂进行再生处理时，催化剂上的积炭物种没有被完全除去，部分积炭残留于再生的催化剂孔道内，导致其比表面积和孔体积减小。Choudhary 等发现在温度 400~550℃ 的范围内对催化剂进行氧化处理,无法完全移除催化剂上的积炭物种。

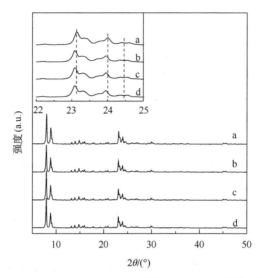

图 8-8　B,Al-NZ-1 和经过反应-再生后的 B,Al-NZ-1 催化剂的 XRD 谱图
a—B,Al-NZ-1;b—Re-1;c—Re-2;d—Re-3

表 8-1　B,Al-NZ-1 和经过反应-再生后的 B,Al-NZ-1 催化剂的织构性质

催化剂	$S_{BET}/(m^2/g)$	$V_{total}/(cm^3/g)$	$V_{micro}/(cm^3/g)$
B,Al-NZ-1	424	0.48	0.12
Re-1	411	0.41	0.12
Re-2	402	0.38	0.10
Re-3	385	0.36	0.09

对 B,Al-NZ-1 和经过反应-再生后的 B,Al-NZ-1 催化剂进行 NH_3-TPD 表征,结果如图 8-9 所示。催化剂在 108~123℃、185~206℃、350~400℃ 的温度范围内均出现三个 NH_3 脱附峰,分别代表了弱酸、中强酸和强酸中心。随着反应-再生循环次数增加,B,Al-NZ-1 催化剂上的弱酸、中强酸和强酸中心的量下降,其中强酸中心的酸量下降幅度最为显著,可能与积炭优先发生在强酸中心上有关。这与 Pekka 等的实验结果一致。此外,随着循环次数的增加,催化剂的 NH_3 脱附峰的峰温向低温方向移动。以上结果表明,随着反应-再生循环的进行,B,Al-NZ-1 催化剂上的酸量和酸强度均降低。

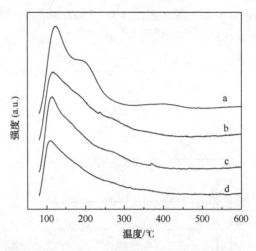

图 8-9　B,Al-NZ-1 和经过反应–再生后的 B,Al-NZ-1 催化剂 NH₃-TPD 谱图

a—B,Al-NZ-1；b—Re-1；c—Re-2；d—Re-3

8.3　反应后 B,Al-NZ-1 的积炭行为

将催化剂 NZ 和 B,Al-NZ-1 在 550℃、0.1MPa、空时 $2.2g_{cat} \cdot h/mol_{CH_2}$、甲醇与丁烯摩尔比为 1.2 的条件下分别反应 43h 和 73h，并通过 XPS 对反应后催化剂上的积炭物种进行分析。图 8-10 为反应后 NZ 和 B,Al-NZ-1 催化剂的 C 1s XPS 谱图。

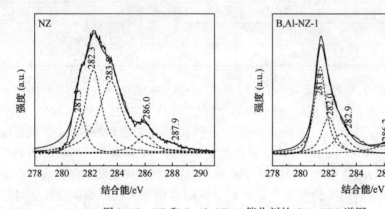

图 8-10　NZ 和 B,Al-NZ-1 催化剂的 C 1s XPS 谱图

NZ 和 B,Al-NZ-1 催化剂在结合能为 281.3~281.4eV、282.0~282.3eV、282.9~283.5eV、286.0~286.2eV、287.9eV 的范围内均检测到 C 1s 谱峰。结合能为 281.3~281.4eV 的谱峰对应于丝状无定形碳；结合能为 282.0~282.3eV 的谱峰对应于脂肪烃高聚物积炭(DHC)；结合能为 282.9~283.5eV 的谱峰对应于石墨型碳；结合能为 286.0~286.2eV 的谱峰对应于芳烃类贫氢型碳(C_xH_y)；结合能为 287.9eV 的谱峰对应于酮基烃类积炭(—C ═ O)。

对反应后催化剂的 C 1s XPS 谱图进行解叠，以拟合峰的峰面积近似表示碳物种的相对含量，结果列于表 8-2。可以看出，NZ 和 B,Al-NZ-1 催化剂上的积炭物种的分布有明显差别。石墨型碳是反应后 NZ 催化剂上最主要的积炭物种，其相对含量为 43.4%。而丝状无定形碳为反应后的 B,Al-NZ-1 上最主要的积炭物种，其相对含量为 47.1%。Schulz 等报道了在反应初始阶段，积炭反应主要在催化剂上较强的 B 酸中心上发生。Song 等发现催化剂上的酸中心的种类和分布对其积炭行为有重要影响。Chen 等发现催化剂上氢转移、聚合、环化等反应的发生与催化剂的酸性中心浓度和酸强度分布密切相关。由此推测，NZ 催化剂上石墨型积炭含量较高，与其具有较高的强 B 酸中心浓度有关。与无定型碳相比，石墨化的积炭物质难以消除，更容易造成催化剂的失活。

表 8-2　NZ 和 B,Al-NZ-1 催化剂表面积炭物种

碳物种	结合能/eV	含量/%	
		NZ	B,Al-NZ-1
丝状无定形碳	281.3~281.4	10.5	47.1
DHC	282.0~282.3	36.6	23.1
石墨型碳	282.9~283.5	43.4	16.0
C_xH_y	286.0~286.2	8.0	13.8
—C ═ O	287.9	1.5	—

参 考 文 献

[1] 杨学萍. 国内外丙烯生产技术进展及市场分析[J]. 石油化工技术与经济, 2017, 33(6): 11-15.

[2] 钱伯章. 增产丙烯的技术进展[J]. 化工技术经济, 2006, 24(4): 33-40.

[3] 吴迎新. 增产丙烯的烯烃转化技术进展[J]. 炼油与化工, 2008, 2(19): 18-20.

[4] 白尔铮, 胡云光. 四种增产丙烯催化工艺的技术经济比较[J]. 工业催化, 2003, 11(5): 7-12.

[5] 李雅丽. 多产丙烯生产技术进展[J]. 当代石油石化, 2001, 9(4): 31-35.

[6] 陈永利, 陈浩, 郭振宇. 丙烯产业发展现状及趋势分析[J]. 炼油技术与工程, 2019(12): 1-5.

[7] 董群, 张钢强, 李金玲, 等. 丙烯生产技术的研究进展[J]. 化学工业与工程技术, 2011, 32(1): 35-40.

[8] 陈硕, 王定博, 吉媛媛, 等. 丙烯为目的产物的技术进展[J]. 石油化工, 2011, 40(2): 217-224.

[9] 项祖红, 田松柏. 多产丙烯催化剂及工艺的研究进展[J]. 化工时刊, 2005, 19(1): 51-53.

[10] 魏飞, 汤效平, 周华群, 等. 增产丙烯技术研究进展[J]. 石油化工, 2008, 37(10): 979-986.

[11] 王瀚舟, 钱伯章. 增产丙烯的技术进展[J]. 石油化工, 2000, 29(9): 705-711.

[12] 魏文德. 有机化工原料大全(上)[M]. 北京: 化学工业出版社, 1999.

[13] 赵殿富, 王红秋, 李增庆, 等. 增产丙烯的技术进展[J]. 广州化工, 2004, 32(1): 36-39.

[14] Vermeiren W. From olefins to propylene[J]. Hydrocarbon Engineering, 2003, 8(10): 79-81.

[15] 李小明, 宋芙蓉. 催化裂解制烯烃的技术进展[J]. 石油化工, 2002, 31(7): 569-573.

[16] 曹湘洪. 增产丙烯, 提高炼化企业盈利能力[J]. 化工进展, 2003, 22(9): 911-919.

[17] 杨朝合, 山红红, 张建芳. 两段提升管催化裂化系列技术[J]. 炼油技术与工程, 2005, 35(3): 28-33.

[18] 李晓红, 陈小博, 李春义, 等. 两段提升管催化裂化生产丙烯工艺[J]. 石油化工, 2006, 35(8): 749-753.

[19] Petro FCC design for production propylene[N]. European Chemical News, 2000, 73(1917): 25.

[20] 杨健, 谢晓东, 蔡智. 增产丙烯、多产异构化烷烃的清洁汽油生产技术(MIP-CGP)在催化裂化装置上的应用[J]. 中外能源, 2006, 11(3): 54-60.

[21] 魏飞, 罗国华, 李志强, 等. 气固并流下行与上行耦合的催化裂化反应工艺及反应装置[P]. 中国专利: 02103833.3, 2002-03-29.

[22] 蔡目荣，丁富臣，李术元．FCC 汽油烯烃的生成机理与影响因素[J]．石油与天然气化工，2003，32(2)：92-93.

[23] Imhof P．，Rautiainen E．Gonzalez J．Maximize propylene yields[J]．Hydrocarbon Process，2005，84(9)：109-114.

[24] 秦松，邹旭彪，张忠东．多产丙烯 FCC 催化剂助剂 LCC-A 性能和工业应用[J]．工业催化，2005，13(9)：10-13.

[25] 廖志强．FCC 汽油在 ZSM-5 分子筛上催化裂解制丙烯[D]．大连：大连理工大学，2011.

[26] 许明德，田辉平，罗一斌．提高液化气中丙烯含量助剂 MP031 的开发和应用[J]．石油炼制与化工，2006，37(9)：23-27.

[27] 魏小波，刘丹禾，郝代军，等．催化裂化多产丙烯助剂 LPI-1 的工业应用[J]．炼油技术与工程，2004，34(9)：38-41.

[28] 办建明，刘文波，刘剑利，等．高硅铝比 ZSM-5 分子筛的合成及催化裂化性能研究[J]．石油炼制与化工，2004，35(4)：18-22.

[29] Aitani A．，Yoshikawa T．，Ino T．Maximization of FCC light olefins by high severity operation and ZSM-5 addition[J]．Catalysis Today，2000，60(1-2)：111-117.

[30] 龙立华，万炎波，伏再辉，等．磷改性 ZSM-5 沸石的催化裂化性能[J]．工业催化，2004，12(5)：11-15.

[31] 季东，苏怡，刘涛，等．ZSM-5 沸石分子筛增产丙烯表面改性的研究进展[J]．分子催化，2007，21(4)：371-377.

[32] 张昕，马晓迅．石油炼化深度加工技术[M]．北京：化学工业出版社，2011.

[33] 朱向学．C_4 烯烃催化裂解制丙烯/乙烯[D]．大连：中国科学院化学物理研究所，2005.

[34] 赵姗姗．C_4 轻烃催化裂解反应规律研究[D]．北京：中国石油大学，2010.

[35] 宋芙蓉．可提高丙烯收率的 Propylur 工艺[J]．国外石油化工快报，2000，30(7)：4-4.

[36] 张惠明．C_4 烯烃催化转化增产丙烯技术进展[J]．石油化工，2008，37(6)：637-642.

[37] Propylur route boosts propylene production[N]．European Chemical News，2000，72(1902)：47.

[38] 刘俊涛，谢在库，徐春明，等．C_4 烯烃催化裂解增产丙烯技术进展[J]．化工进展，2005，24(12)：1347-1351.

[39] 王定博，刘小波，李普阳，等．碳五烯烃转化制丙烯和乙烯[J]．石油化工，2005，34(6)：513-517.

[40] 马广伟，姚辉．轻油催化裂解制取低碳烯烃的方法[P]．中国专利：201010261508.9.2012-03-14.

[41] 滕加伟，谢在库，金文清，等．烃类催化裂解增产丙烯和乙烯的技术[J]．石油化工，2005，34(增刊)：78-79.

[42] 徐泽辉，顾超然，王佩琳．非均相催化烯烃交叉复分解反应[J]．化学进展，2009，21(4)：784-790.

[43] 李影辉, 曾群英, 万书宝, 等. 碳四烯烃歧化制丙烯技术[J]. 现代化工, 2005, 25(3): 23-26.

[44] 黄声骏, 辛文杰, 白杰, 等. 钼负载型催化剂上乙烯与 2-丁烯歧化制丙烯[J]. 石油化工, 2003, 32(3): 191-194.

[45] 中国科学院大连化学物理研究所. 用于低温下由乙烯和丁烯制丙烯用催化剂制法和应用[P]. CN: 1465435A, 2004.

[46] 晁念杰, 李博, 李长明, 等. 丙烷催化脱氢制丙烯工艺及催化剂的研究进展[J]. 当代化工, 2019, 48(8): 1806-1810.

[47] 余长林, 葛庆杰, 徐恒泳, 等. 丙烷脱氢制丙烯研究新进展[J]. 化工进展, 2006, 25(9): 977-982.

[48] 余长林, 葛庆杰, 徐恒泳, 等. 助剂对 $Pt/\gamma-Al_2O_3$ 催化剂丙烷脱氢性能的影响[J]. 石油化工, 2006, 35(3): 217-220.

[49] 刘亚群, 田原宇, 林小朋, 等. 钨铈复合氧化物催化剂氧化丙烷脱氢制丙烯的研究[J]. 石油炼制与化工, 2007, 38(4): 47-50.

[50] 徐爱菊, 照日格图, 林勤. 丙烷氧化脱氢 M-Fe-O 催化剂的研究[J]. 分子催化, 2007, 21(5): 447-452.

[51] 孙启文. 煤炭间接液化[M]. 北京: 化学工业出版社, 2012.

[52] 王科, 李杨, 陈鹏. 甲醇制丙烯工艺及催化剂技术研究新进展[J]. 天然气化工(C_1 化学与化工), 2009(5): 63-68.

[53] 张卿, 巩雁军, 胡思, 等. 甲醇转化制丙烯技术研究进展[J]. 化工进展, 2011(S1): 134-138.

[54] Chen J. Q., Bozzano A., Glover B., et al. Recent advancements in ethylene and propylene production using the UOP/Hydro MTO process[J]. Catalysis Today, 2005, 106(1-4): 103-107.

[55] Rothaemel M, Holtmann H. D. Methanol to propylene MTP-Lurgi's way. Erdoel Kohle Erdgas, Petrochem, 2002, 118: 234-237.

[56] Liu Z. M., Sun C. L., Wang G. W., et al. New progress in R&D of lower olefin synthesis[J]. Fuel Process Technology, 2000, 62(2-3): 161-172.

[57] 魏飞, 周华群, 王垚, 等. 一种利用硅磷酸铝分子筛催化裂解生产丙烯的方法[P]. 中国专利: 200510116701.2, 2006-04-26.

[58] Soundararajan S., Dalai A. K., Berruti F. Modeling of methanol to olefins (MTO) process in a circulating fluidized bed reactor

[59] 郭国清, 黄友梅. CO/H_2 合成低碳烯烃催化剂制备的研究[J]. 天然气化工(C1 化学与化工), 1997, 22(2): 25-28.

[60] 张飞, 张明森, 柯丽. 甲醇与 C_4 烯烃耦合制取乙烯和丙烯可行性分析[J]. 工业催化, 2008, 16(8): 30-37.

[61] 潘红艳, 田敏, 何志艳, 等. 甲醇制烯烃用 ZSM-5 分子筛的研究进展[J]. 化工进展, 2014, 33(10): 2625-2633.

[62] 王洪涛, 齐国祯, 李晓红, 等. SAPO-34 催化剂上 C_4 烯烃催化裂解与甲醇转化制烯烃反应耦合[J]. 化学反应工程与工艺, 2013, 29(2): 140-146.

[63] 张飞, 刘莹莹, 张新元, 等. 甲醇与碳四烯烃共裂解制备乙烯和丙烯[J]. 石油炼制与化工, 2010, 41(1): 11-15.

[64] Martin A., Nowak S., Lücke B., et al. Coupled conversion of methanol and C4 hydrocarbons to lower olefins[J]. Applied Catalysis, 1989, 50(1): 149-155.

[65] Lücke B., Martin A., Günschel H., et al. CMHC: coupled methanol hydrocarbon cracking: Formation of lower olefins from methanol and hydrocarbons over modified zeolites[J]. Microporous and Mesoporous Materials, 1999, 29(1-2): 145-157.

[66] Mier D., Aguayo A. T., Gayubo A. G., et al. Synergies in the production of olefins by combined cracking of n-butane and methanol on a HZSM-5 zeolite catalyst[J]. Chemical Engineering Journal, 2010, 160: 760-769.

[67] Mier D., Aguayo A. T., Gayubo A. G., et al. Catalyst discrimination for olefin production by coupled methanol/n-butane cracking[J]. Applied Catalysis A: General, 2010, 383(1-2): 202-210.

[68] 常福祥, 刘献斌, 魏迎旭, 等. 不同结构分子筛催化剂上甲醇耦合的 C_6 烷烃裂化反应过程的研究[J]. 石油化工, 2005, 34: 108-111.

[69] 高志贤, 程昌瑞, 谭长瑜, 等. 甲醇/丙烷在 ZSM-5 分子筛上耦合转化过程的研究[J]. 燃料化学学报, 1995, 23(4): 390-394.

[70] 高志贤, 程昌瑞, 谭长瑜, 等. 甲醇/C_4 烃在 Ga/HZSM-5 催化剂上耦合反应过程的研究[J]. 燃料化学学报, 1995, 23(4): 349-354.

[71] Erofeev V. I., Shabalina L. B., Koval L. M., et al. Influence of silicate ratio and high-temperature steam treatment of pentasil on its acid and catalytic propertiesin conjugate conversion of lower alkanes and methanol[J]. Russian Journal of Applied Chemistry, 2004, 77(12): 1973-1978.

[72] Erofeev V. I., Shabalina L. B., Koval L. M., et al. Influence of modification of pentasils with alkaline-earth metals on their acid and catalytic properties in conjugate conversion of methanol and propane-butane fraction[J]. Russian Journal of Applied Chemistry, 2002, 75(5): 752-754.

[73] Erofeev V. I., Shabalina L. B., Koval L. M., et al. Conjugate conversion of a broad fraction of light hydrocarbons and methanol on zeolite-containing catalysts[J]. Russian Journal of Applied Chemistry, 2002, 75(10): 1646-1649.

[74] Safronovaa S. S., Kovala L. M., Erofeev V. I. Catalytic activity of Ga-containing zeolite catalysts in the coupled reforming of methanol and $C_3 \sim C_4$ alkanes[J]. Theoretical Foundations of

Chemical Engineering, 2008, 42(5): 550-555.

[75] Gong T., Zhang X., Bai T., et al. Coupling conversion of methanol and C4 hydrocarbon to propylene on La - modified HZSM - 5 zeolite catalysts [J]. Industrial Engineering Chemistry Research, 2012, 51(42): 13589-13598.

[76] 王振伍, 姜桂元, 赵震, 等. Fe 改性 HZSM-5 分子筛上甲醇耦合 C₄ 制低碳烯烃反应性能研究[J]. 工业催化, 2008, 16(10): 147-150.

[77] Wang Z. W., Jiang G. Y., Zhao Z., et al. Highly efficient P-modified HZSM-5 catalyst for the coupling transformation of methanol and 1-butene to propene[J]. Energy Fuels, 2010, 24 (2): 758-763.

[78] Jiang B., Feng X., Yan L., et al. Methanol to propylene process in a moving bed reactor with byproducts recycling: Kinetic study and reactor simulation[J]. Industrial Engineering Chemistry Research, 2014, 53(12): 4623-4632.

[79] Olah G. A. Higher coordinate (hypercarbon containing) carbocations and their role in electrophilic reactions of hydrocarbons[J]. Pure Applied Chemistry, 1981, 53: 201-207.

[80] Olah G. A., Doggweiler H., Felberg J. D. Ylide chemistry 2: Methylenedialkyloxonium ylides [J]. The Journal of Organic Chemistry, 1984, 49(12): 2112-2116.

[81] Hunter R., Hunchings G. J. Hydrocarbon formation from methylating agents over the zeolite catalyst H - ZSM - 5 and its conjugate base: Evidence against the trimethyloxonium ion - ylide mechanism[J]. Journal of the Chemical Society, 1985, 1643-1645.

[82] Blaszkowski, S. R., Van Santen R. A. Theoretical study of C - C bond formation in the methanol - to - gasoline process [J]. Journal of the American Chemical Society, 1997, 1643-1645.

[83] Munson E. J., Kheir A. A., Haw J. F. An in situ solid-state NMR study of the formation and reactivity of trialkylonium ions in zeolites [J]. Journal of Physical Chemistry, 1993, 97: 7321-7327.

[84] Salvador P., Kladnig W. Surface reactivity of zeolites type H-Y and Na-Y with methanol[J]. Journal of the Chemical Society Faraday Transactions, 1977, 73: 1153-1168.

[85] Ono Y., Mori T. Mechanism of methanol conversion into hydrocarbons over ZSM-5 zeolite[J]. Journal of the Chemical Society, Faraday Transactions 1: Physical Chemistry in Condensed Phases, 1981, 77: 2209-2221.

[86] Nagy J. B., Gilson J. P., Derouane E. G. A 13C-NMR investigation of the conversion of methanol on H-ZSM-5 in the presence of carbon monoxide[J]. Journal of Molecular Catalysis, 1979, 5: 393-397.

[87] Kagi. Mechanism of conversion of methanol over ZSM - 5 catalyst[J]. Journal of Catalysis, 1981, 69: 1(1): 242-243.

[88] Mole T. Isotopic and mechanistic studies of methanol conversion[J]. Studies in Surface Science

and Catalysis, 1988, 36: 145-156.

[89] Smith R. D. , Futrell J. H. Evidence for complex formation in the reactions of CH^{3+} and CD^{3+} with CH_3OH, CD_3OD, and C_2H_5OH[J]. Chemical Physical Letters, 1976, 41: 64-72.

[90] Dahl I. M. , Kolboe S. On the reaction mechanism for propylene formation in the MTO reaction over SAPO-34[J]. Catalysis Letters, 1993, 20: 329-336.

[91] 王仰东, 王传明, 刘红星, 等. HSAPO-34 分子筛上氧镓叶立德机理的第一性原理研究 [J]. 催化学报, 2010, 31(1): 33-37.

[92] Kolboe S. On the mechanism of hydrocarbon formation from methanol over protonated zeolites [J]. Studies in Surface Science and Catalysis, 1988, 36: 189-193.

[93] 谢子军, 张同旺, 侯拴弟. 甲醇制烯烃反应机理研究进展[J]. 化学工业与工程, 2010, 27 (5): 443-449.

[94] Graham J. H. , Graeme W. W. , David J. W. Methanol conversion to hydrocarbons over zeolite catalysts comments on the reaction mechanism for the formation of the first carbon-carbon bond [J]. Microporous andMesoporous Materials, 1999, 29 (1-2): 67-77.

[95] Forester T. R. , Wong S. T. , Howe R. F. In situ Fourier-transform IR observation ofmethylating species in ZSM-5[J]. Journal of the Chemical Society, 1986, 1611-1613.

[96] Chang C. D. , Silvestri A. J. The conversion of methanol and other O-compounds to hydrocarbons over zeolite catalysts[J]. Journal of Catalysis, 1977, 47: 249-259.

[97] Chang C. D. A reply toKagi: Mechanism of conversion of methanol over ZSM-5 catalyst[J]. Journal of Catalysis, 1981, 69(1): 244-245.

[98] Novakova J. , Kubelkova L. , Dolejsek Z. Primary reaction steps in the methanol-to-olefin transformation on zeolites[J]. Journal of Catalysis, 1987, 108(1): 208-213.

[99] Dessau R. M. , Lapierre R. B. On the mechanism of methanol conversion to hydrocarbons over HZSM-5[J]. Journal of Catalysis, 1982, 78(1): 136-141.

[100] 侯典国, 汪燮卿, 谢朝刚, 等. 催化热裂解工艺机理及影响因素[J]. 乙烯工业, 2002, 14(4): 1-5.

[101] 钟炳, 罗庆云. 甲醇在 HZSM-5 上转化为烃类的催化反应机理[J]. 燃料化学学报, 1986, 14(1): 9-16.

[102] Chang C. D. , Hellring S. D. , Pearson J. A. On the existence and role of free radicals in methanol conversion to hydrocarbons over HZSM-5 I: Inhibition by NO[J]. Journal of Catalysis, 1989, 115: 282-285.

[103] Zatorski L. W. , Centi G. , Nieto J. L. , et al. On the properties of pure and isomorphic-substituted zeolites in the presence of gaseous oxygen: Selective transformation of propane[J]. Studies in Surface Science and Catalysis, 1989, 49: 1243-1252.

[104] Clarke J. K. A. , Darcy R. , Hegarty B. F. , et al. Free radicals in dimethyl ether on H-ZSM-5 zeolite, A novel dimension of heterogeneous catalysis[J]. Journal of the Chemical Society, 1986,

5:425-426.

[105] Dahl I. M. , Kolboe S. On the reaction mechanism for hydrocarbon formation from methanol o-
ver SAPO-34[J]. Journal of Catalysis, 1996, 161 (1): 304-309.

[106] David M. M. , Song W. G. , Ling L. N. , et al. Aromatic hydrocarbon formation in HSAPO-
18 catalysts cage topology and acid site density[J]. Langmuir, 2002, 18 (22): 8386-8391.

[107] Song W. G. , James F. H. , John B. N. , et al. Methybenzenes are the organic reaction centers
for methanol-to-olefin catalysis on HSAPO-34[J]. Journal of the Chemical Society, 2000,
122(43): 10726-10727.

[108] Alain S. , Mark A. W. , Hee J. A. , et al. Methylbenzene chemistry on zeolite H-beta: multi-
ple insights into methanol-to-olefins catalysis[J]. Journal of Physical and Chemistry, 2002,
106 (9): 2294-2303.

[109] Bjømar A. , Stein K. The reactivity of molecules trapped within the SAPO-34 cavities in the
methanol-to-hydrocarbons reaction[J]. Journal of the Chemical Society, 2001, 123(33):
8137-8138.

[110] 孙桂大，闫富山. 石油化工催化作用导论[M]. 北京：中国石化出版社，2000.

[111] 朱根权，张久顺，汪燮卿. 丁烯催化裂解制取丙烯及乙烯的研究[J]. 石油炼制与化工，
2005(02): 36-40.

[112] Den Hollander M. A. , Wissink M. , Makkee M. , et al. Gasoline conversion: Reactivity to-
wards cracking with equilibrated FCC and ZSM-5 catalysts[J]. Applied Catalysis A General,
2002, 223(1-2): 85-102.

[113] Abbot J. , Wojciechowski B. W. The mechanism of catalytic cracking of n-alkenes on ZSM-5
zeolite[J]. The Canadian Journal of Chemical Engineering, 1985.

[114] Abbot J , Wojciechowski B W . Kinetics of reactions of C8 olefins on HY zeolite[J]. Journal
of Catalysis, 1987, 108(2): 346-355.

[115] 李雷，高金森，徐春明，等. 催化裂化汽油降烯烃技术研究进展[J]. 化工时刊，2006,
12(8): 9-13.

[116] 刘俊涛，钟思青，徐春明，等. 碳四烯烃催化裂解制低碳烯烃反应性能的研究[J]. 石油
化工，2005, 34(1): 9-13.

[117] 李福芬，贾文浩，陈黎行，等. 丁烯在纳米 H-ZSM-5 催化剂上的催化裂化反应[J]. 催
化学报，2007, 28(6): 567-571.

[118] 常福祥. 正己烷与甲醇在分子筛催化剂上耦合反应的机理研究[D]. 大连：中国科学院
大连化学物理研究所，2006.

[119] 李森，江洪波，翁惠新. 催化裂化条件下甲醇与石脑油交互作用研究[J]. 天然气化工，
2008, 33: 6-10.

[120] 潘澍宇. 甲醇作为催化裂化部分进料的反应过程研究[D]. 上海：华东理工大学，2006.

[121] 吴文章，郭文瑶，肖文德，等. 甲醇与 $C_4 \sim C_6$ 烯烃共反应制丙烯副产物生成途径[J].

化工学报, 2012, 63(2): 493-499.

[122] 李晓红, 齐国祯, 王菊, 等. 丁烯/甲醇耦合反应制乙烯和丙烯的热力学[J]. 石油学报, 2009, 25(4): 533-539.

[123] 胡浩. 甲醇与丁烯/戊烯共反应制丙烯工艺研究[D]. 上海: 上海交通大学, 2013.

[124] 时钧, 汪家鼎, 余国琮, 等. 化学工程手册(第二版)[M]. 北京: 化学工业出版社, 1996.

[125] 王正烈, 周亚平. 物理化学[M]. 第四版. 北京: 高等教育出版社, 2001.

[126] 齐国祯, 谢在库, 钟思青, 等. 甲醇制低碳烯烃(MTO)反应热力学研究[J]. 石油与天然气化工, 2005, 34(5): 349-353.

[127] 毛东森, 郭强胜, 卢冠忠. 甲醇转化制丙烯技术进展[J]. 石油化工, 2008, 37(12): 1328-1333.

[128] 徐如人, 庞文琴, 于吉红, 等. 分子筛与多孔材料化学[M]. 北京: 科学出版社, 2005.

[129] Emeis C. A. Determination of integrated molar extinction coefficients for infrared absorption bands of pyridine adsorbed on solid acid catalysts[J]. Journal of Catalysis, 1993, 141: 347-354.

[130] 李森, 江洪波, 翁惠新. 几种催化剂对甲醇转化制低碳烯烃催化反应的影响[J]. 石油炼制与化工, 2007, 38(9): 13-17

[131] Firoozi M., Baghalha M., Asadi M. The effect of micro and nano particle sizes of H-ZSM-5 on the selectivity of MTP reaction[J]. Catalysis Communications, 2009, 10: 1582-1585.

[132] 滕加伟, 赵国良, 谢在库, 等. ZSM-5 分子筛晶粒尺寸对 C_4 烯烃催化裂解制丙烯的影响[J]. 催化学报, 2004, 25(8): 602-606.

[133] Aguado J., Serrano D. P., Escola J. M., et al. Low temperature synthesis and properties of ZSM-5 aggregates formed by ultra-small nanocrystals[J]. Microporous and Mesoporous Materials, 2004, 75: 41-49.

[134] Zhang W. M., Burckle E. C., Smirniotis P. G. Characterization of the acidity of ultrastable Y, mordenite, and ZSM-12 via NH_3-stepwise temperature programmed desorption and fourier transform infrared spectroscopy[J]. Microporous and Mesoporous Materials, 1999, 33: 173-185.

[135] Zhang X., Wang J. W., Zhong J., et al. Characterization and catalytic performance of SAPO-11/Hβ composite molecular sieve compared with the mechanical mixture[J]. Microporous and Mesoporous Materials, 2008, 108: 13-21.

[136] Lucas A. de, Canizares P., Durán A., et al. Coke formation, location, nature and regeneration on dealuminated HZSM-5 type zeolites[J]. Applied Catalysis A: General, 1997, 156: 299-317.

[137] Guisnet M., Magnoux P. Coking and deactivation of zeolites: Influence of the pore structure [J]. Applied Catalysis, 1989, 54: 1-27.

[138] 张瑞珍. 纳米沸石分子筛的合成及其机理研究[D]. 太原: 太原理工大学, 2001.

[139] 何驰剑, 何红运. 纳米沸石合成的影响因素[J]. 化工进展, 2005, 17(1): 64-68.

[140] Conblor M. A., Corma A., Mifsud A., et al. Synthesis of nanocrystalline zeolite beta in the absence of alkali metal cations[J]. Study in Surface Science and Catalysis, 1997, 105: 341-348.

[141] 祁晓凤, 刘希尧, 林炳雄. 四乙基溴化铵-氟化物复合模板剂合成β沸石Ⅰ. 合成热力学成相区[J]. 催化学报, 2000, 20(1): 75-78.

[142] VanGrieken R., Sotelo J. L., Menendez J. M., Melero J. A., Anomalous crystallization mechanism in the synthesis of nanocrystalline ZSM-5[J]. Microporous and Mesoporous Materials, 2000, 39: 135-147.

[143] Persson A. E., Schoeman B. J., Sterte J., et al. The synthesis of discrete colloidal particles of TPA-silicalite-1[J]. Zeolites, 1994, 14(7): 557-567.

[144] 王中南, 殷行知, 薛用芳. 小晶粒ZSM-5沸石的合成及其晶形的研究[J]. 石油化工, 1983, 12(12): 744-748.

[145] 程志林, 晁自胜, 林海强, 等. 碱金属盐对ZSM-5分子筛晶化的影响[J]. 无机化学学报, 2003, 19(4): 396-400.

[146] 张维萍, 郭新闻. 超细分子筛的合成, 结构特性及在催化中的应用[J]. 分子催化, 1999, 13(5): 393-400.

[147] 陶朱, 田力, 林旭, 等. La, Ce, Th改性ZSM-5分子筛作为烷烃裂解催化剂的评价[J]. 贵州大学学报: 自然科学版, 1990, 7(3): 179-183.

[148] 王鹏, 代振宇, 田辉平. La, Ce改性对ZSM-5分子筛上烯烃裂解制丙烯反应的影响及其作用机理[J]. 石油炼制与化工, 2013, 44(5): 1-5.

[149] 何霖, 谭亚南, 韩佳. 甲醇制丙烯ZSM-5分子筛催化剂性能优化研究[J]. 天然气化工 (C_1化学与化工), 2013, 6(38): 23-26.

[150] 张贵泉. Zn改性HZSM-5分子筛催化剂上甲醇转化制轻质芳烃反应研究[D]. 西安: 西北大学, 2014.

[151] 罗丽珠. 金属Ce表面氧化反应XPS研究[D]. 四川: 中国工程物理研究院, 2005.

[152] 陈连璋, 孙多里, 王静玉, 等. 用磷-稀土元素改性ZSM-5沸石催化剂的催化特性研究[J]. 大连理工学院学报, 1986, 25(3): 33-39.

[153] Holgado J. P., Alvarez R., Munuera. G. Study of CeO_2 XPS spectra by factor analysis: reduction of CeO_2[J]. Applied Study Science, 2000, 161: 301-315.

[154] 王廉明, 庄李强, 黄月霞, 等. XPS在YAG: Ce^{3+}荧光粉中Ce^{3+}半定量分析方面的应用[J]. 华东理工大学学报: 自然科学版, 2015, 4(41): 484-488.

[155] Lercher J. A., Gründling C., Eder-Mirth G., Infrared studies of the surface acidity of oxides and zeolites using adsorbed probe molecules[J]. Catalysis Today, 1996, 27: 353-376.

[156] Kumar S., Sinha A. K., Hegde S. G., Sivasanker S., Influence of mild dealumination on physicochemical, acidic and catalytic properties of H-ZSM-5[J]. Journal of Molecular Catalysis. A: Chemistry. 2000, 154: 115-120.

[157] Weihe M., Hunger M., Breuninger M., Karge H. G., Weitkamp J., Influence of the nature of residual alkali cations on the catalytic activity of zeolites X, Y, and EMT in their Brønsted acid forms[J]. Journal of Catalysis, 2001, 198: 256-265.

[158] 王跃利, 于慧征, 罗立文, 等. Ce 改性 HZSM-5 分子筛催化剂的表征及活性[J]. 石油与天然气化工, 2007, 36(3): 201-202.

[159] Bi J., Liu M., Song C., et al. $C_2 \sim C_4$ light olefins from bioethanol catalyzed by Ce-modified-nanocrystalline HZSM-5 zeolite catalysts, Applied Catalysis B: Environmental, 2011, 107: 68-76.

[160] Hadi N., Niaei A., Nabavi S. R., et al. Effect of second metal on the selectivity of Mn/H-ZSM-5 catalyst in methanol to propylene process[J]. Journal Industrial and Engineering Chemistry, 2015, 29: 52-62.

[161] Hadi N., Niaei A., Nabavi S. R., et al. An intelligent approach to design and optimization of M-Mn/H-ZSM-5 (M: Ce, Cr, Fe, Ni) catalysts in conversion of methanol to propylene[J], Journal of the Taiwan Institute of Chemical Engineers, 2016, 59: 173-185.

[162] 佟惠娟, 李工. 含铁和钒的 ZSM-5 型分子筛的合成、表征及催化性能[J]. 石油化工高等学校学报, 2002, 15(2): 33-36.

[163] 张海荣, 张卿, 李玉平, 等. P-HZSM-5 分子筛的一步法直接合成及其 MTP 催化性能的研究[J]. 燃料化学学报, 2010, 38(3): 319-323.

[164] 李潇, 李保山. 杂原子分子筛 Ni-ZSM-5 的合成及其影响因素[J]. 工业催化, 2008, 16(10): 51-54.

[165] 张雄福, 陈连璋, 王金渠, 等. 杂原子 Zn-ZSM-5 沸石分子筛合成及影响因素研究[J]. 大连理工大学学报, 1999, 39(3): 392-395.

[166] 聂常洪. B-Al-ZSM-5 分子筛催化甲醇制丙烯反应性能研究[D]. 大连: 大连理工大学, 2014.

[167] 袁海东. 甲醇制丙烯催化剂改性 B-ZSM-5 的研究[D]. 大连: 大连理工大学, 2013.

[168] 陈连璋, 冯益庆. B, Al-ZSM-5 沸石的制备及其在烷基化反应中的应用[J]. 大连理工大学学报, 1991, 31(5): 549-554.

[169] 汪青松, 李工, 郭剑桥, 等. 含硼杂原子 Na-B-ZSM-5 分子筛对甲醇脱氢制甲醛反应的催化性能[J]. 燃料化学学报, 2014, 42(5): 616-624.

[170] Ruiter R. de, Jansen J. C., Van Bekkum H. On the incorporation mechanism of B and Al in MFI-type zeolite frameworks[J]. Zeolite, 1992, 12: 56-62.

[171] Brabec L., Novakova J., Kubelkova L., et al. Catalytic conversion of oxygen containing cyclic compounds. Part I. Cyclohexanol conversion over H[Al]ZSM-5 and H[B]ZSM-5[J]. Journal of Molecular Catalysis, 1994, 94: 117-130.

[172] 张立东, 王蕾, 周博, 等. 硼改性 HZSM-5 催化甲苯甲醇烷基化反应研究[J]. 化学工程师, 2011, 195(12): 65-69.

[173] Choudhary V. R. , Devadas P. Regenerability of coked H-GaMFI propane aromatization cata-lyst: Influence of reaction-regeneration cycle on acidity, activity/selectivity and deactivation [J]. Applied Catalysis A, 1998, 168: 187-200.

[174] Pekka T. , Tuula T. P. Modification of ZSM-5 zeolite with trimethyl phosphate Part 1. Struc-ture and acidity[J]. Microporous and Mesoporous Materials, 1998, 20: 363-369.

[175] Pinheiro A. N. , Valentini A. , Sasaki J. M. , et al. Highly stable dealuminated zeolite support for the production of hydrogen by dry reforming of methane[J]. Applied Catalysis A: General, 2009, 355: 156-168.

[176] Bao K. V. , Myoung B. S. , In Y. A. , et al. Location and structure of coke generated over Pt-Sn/Al$_2$O$_3$ in propane dehydrogenation[J]. Journal of Industrial and Engineering Chemistry, 2011, 17(1): 71-76.

[177] Schulz H. "Coking" of zeolites during methanol conversion: Basic reactions of the MTO-, MTP- and MTG processes[J]. Catalysis Today, 2010, 154(3-4): 183-194.

[178] Song Y. Q. , Li H. B. , Guo Z. J. , et al. Effect of variations in acid properties of HZSM-5 on the coking behavior and reaction stability in butane aromatization[J]. Applied Catalysis A, 2005, 292: 162-170.

[179] Chen D. , Moljord K. , Holmen A. A methanol to olefins review: Diffusion, coke formation and deactivation on SAPO type catalysts[J]. Microporous Mesoporous Materials, 2012, 164(1): 239-250.

[180] 汪树军, 梁娟, 郭文珪, 等. ZSM-5 沸石骨架铝迁移规律的研究 I: 水热处理条件及沸石硅铝比的影响[J]. 催化学报, 1992, 13(1): 38-42.

[181] 李玉敏. 工业催化原理[M]. 天津: 天津大学出版社, 1992.

[182] Zhang W. P. , Han X. W. , Liu X. M. , et al. The stability of nanosized HZSM-5 zeolite: a high-resolution solid-state NMR study[J]. Microporous and Mesoporous Materials, 2001, 50 (1): 13-23.

[183] 毛东森, 郭强盛, 孟涛, 等. 水热处理对纳米 HZSM-5 分子筛酸性及催化甲醇制丙烯反应性能的影响[J]. 物理化学学报, 2010, 26(2): 338-344.

[184] 方黎阳, 程玉春. 高温水蒸气处理对 HZSM-5 分子筛催化甲醇制丙烯的影响[J]. 工业催化, 2012, 20(9): 40-46.

[185] 赵亮, 高杉, 卜蔚达. ZSM-5 分子筛碱处理的研究进展[J]. 化学工程与装备, 2010, 4: 103-105.

[186] 刘司. 酸处理改性 ZSM-5 催化剂在苯、甲醇烷基化反应的应用[D]. 上海: 华东理工大学, 2015.

[187] Groen J. C. , Moulijn J. A. , Pérez-Ramírez J. Alkaline posttreatment of MFI zeolites. From accelerated screening to scale-up[J]. Industrial & Engineering Chemistry Research. 2007, 46 (12): 4193-4201.

[188] Ogura M. , Shinomiya S. , Tateno J. , et al. Alkali–treatment technique–new method for modification of structural and acid–catalytic properties of ZSM–5 zeolites[J]. Applied Catalysis A: General, 2001, 219(1-2): 33–43.

[189] Groen J. C. , Peffer L. A. A. , Moulijn J. A. , et al. Mesoporosity development in ZSM–5 zeolite upon optimized desilication conditions in alkaline medium[J]. Colloids & Surfaces A: Physicochemical & Engineering Aspects. 2004, 241(1-3): 53–58.

[190] Zhang S. H. , Zhang B. L. , Gao Z. X. , et al. Ca modified ZSM–5 for high propylene selectivity from methanol[J]. Reaction Kinetics Mechanisms and Catalysis, 2010, 99(2): 447–453.

[191] Valle B. , Alonso A. , Atutxa A. , et al. Effect of nichel incorporation on the acidity and stability of HZSM–5 zeolitein the MTO process[J]. Catalysis Today, 2005, 106(1-4): 115 –122

[192] 潘红艳, 史永永, 林倩, 等. 金属离子改性 ZSM–5 分子筛催化甲醇制烯烃性能研究[J]. 天然气化工·C1 化学与化工, 2015, 40(5): 9–13.

[193] Jin Y. J. , Asaok S, Zhang S. D. , et al. Reexamination on transition–metal substituted MFI zeolites for catalytic conversion of methanol into light olefins[J]. Fuel Processing Technology, 2013, 115: 34–41.

[194] Ahmed S. Methanol to olefins conversion over metal containing MFI–type zeolites[J]. Journal of Porous Materials, 2012, 19(1): 111–117.

[195] 刘烨. ZSM–5 分子筛催化剂的原位合成、改性及 MTP 反应性能研究[D]. 杭州: 浙江大学, 2010.

[196] 孙慧勇, 胡津仙, 周敬来, 等. 小晶粒 Fe–ZSM–5 分子筛的合成及其催化性能的研究 [J]. 燃料化学学报, 1999, 27(2): 121–124.

[197] 马淑杰, 李连生, 孙富平, 等. 双杂原子 Ti–Fe–ZSM–5 分子筛的合成与表征[J]. 高等学校化学学报, 1996, 18(4): 504–508.

[198] 宋守强, 李明罡, 李黎声, 等. ZSM–5 分子筛的磷改性作用[J]. 石油学报(石油加工), 2014, 30(1): 15–23.

[199] 宋守强, 李明罡, 李黎声, 等. 磷改性 ZSM–5 分子筛的水热稳定性[J]. 石油学报(石油加工), 2014, 30(2): 194–203.

[200] Blasco T, Corma A, Martínez–Triguero J. Hydrothermal stabilization of ZSM–5 catalytic–cracking additives by phosphorus addition[J]. Journal of Catalysis, 2006, 237(2): 267–277.

[201] 李继霞, 李自运, 项寿鹤, 等. 氟处理对 ZSM–5 分子筛催化剂结构及醚化反应活性的影响[J]. 燃料化学学报, 2008, 36(4): 508–512.

[202] 李永刚, 黄秀敏, 柳林, 等. NH$_4$F 改性 Mo/HZSM–5 催化剂上的甲烷无氧芳构化反应: 预处理温度影响的进一步研究[J]. 催化学报, 2006, 27(2): 166–170.

[203] Le Van Mao R. , Le T. S. , Fairbairn A. , et al. ZSM–5 zeolite with enhanced acidic properties [J]. Applied Catalysis A: General, 1999, 185(1): 41–52.

[204] 胡思, 张卿, 夏至, 等. 氟硅酸铵改性纳米 HZSM-5 分子筛催化甲醇制丙烯[J]. 物理化学学报, 2012, 28(11): 2705-2712.

[205] Feng X., Jiang G., Zhao Z., et al. Highly effective F-modified HZSM-5 catalysts for the cracking of naphtha to produce light olefins[J]. Energy & Fuels, 2010, 24(8): 4111-4115.

[206] 王清遐, 蔡光宇, 周春丽, 等. 硅改性对 ZSM-5 沸石催化剂择形性的影响[J]. 石油化工, 1990, 19: 438-442.

[207] 赵天生, 李斌, 马清祥, 等. 黏结助剂对 ZSM-5 甲醇制烯烃催化活性的影响[J]. 化学反应工程与工艺, 2009, 25(6): 533-537.